エバンジェリストとトレーナに学ぶ！

AWSクラウドの基本と仕組み

亀田 治伸／山田 裕進

はじめに

　本書を手に取っていただき、ありがとうございます。

　今日のシステム開発の現場において、クラウドコンピューティングいわゆるクラウドは、IT の選択肢として一般に認識され、普通に使われる用語となりつつあります。システム開発に従事されていない方にとっても、日々のニュースや新聞などでクラウドという言葉を目にし、それが何を意味するのか興味を持たれた方も多いのではないでしょうか。

　日本では、2018 年 6 月にクラウドサービスの利用を第一とする「クラウド・バイ・デフォルト」方針が公表され＊、新規システム構築や、既存の行政システムを含めたシステム刷新が「クラウドを最優先の選択肢」として進められることになりました。クラウドは、これからますます我々の生活を支える基礎的な存在となっていきます。

　クラウドとは、インターネット経由でコンピューティング、データベース、ストレージ、アプリケーションをはじめとした、さまざまな IT リソースをオンデマンドで利用することができるサービスの総称です。また、利用料金は実際に使った分のみ支払う従量課金が一般的です。クラウドを利用することで、必要なときに必要な量のリソースへ簡単にアクセスすることができます。ハードウェア導入に伴う初期の多額の投資は不要です。さらに、リソースの調達、メンテナンス、容量の使用計画といった、差別化要因になりづらい作業に多大なリソースを費やす必要がなくなります。そこで削減できた出費や人的リソースは、新しいアイデアの実現に充てることができるのです。

　従来のオンプレミスといわれる IT に比べて、クラウドはその構成変更が容易です。固定資産を保有する必要がないため、時代の変化や多様化するユーザーのニーズに応えるビジネスを実現することに役立ちます。

経済産業省が出した統計予測によると、IT 人材は 2019 年をピークに減少をはじめ、2030 年時点で最大 60 万人が不足するとされています。一方、デジタルトランスフォーメーションの流れを受け、ビジネス運営における IT の重要性は日々増していきます。

　システムの運用効率や開発効率の改善など、今後ますます貴重なリソースとなるエンジニアの作業効率を上げていくことを考える必要があります。クラウドは効率化における必須のツールであり、企業にとってクラウド人材の育成は急務となるでしょう。

　本書はクラウドの入門編として、その成長の一翼を担う Amazon Web Services（AWS）の解説を行うことを目的としました。第 1 章や第 7 章は、IT エンジニアに限らずさまざまな方に、クラウドの価値がわかりやすいような構成にしました。第 2 章から第 6 章は、IT インフラの知識をお持ちのエンジニアの方が、実際の IT リソースと AWS サービスを対比し、理解いただきやすいよう留意しました。本書が皆様のクラウド導入のきっかけになれば幸いです。

* 政府情報システムにおけるクラウドサービスの利用に係る基本方針　2018 年 6 月 7 日　各府省情報化統括責任者（CIO）連絡会議決定

Contents

第1章 クラウドコンピューティングの特徴とメリット 001
—はじめてのAWS—

1-1 Amazon Web Servicesとは？ 002
AWSとは
AWSのビジョン
AWSのマーケットシェア

1-2 Amazonの挑戦 004
ドローンによる無人配達
物流倉庫の稼働効率
音声ユーザーインターフェイス
レジのないコンビニエンスストア

1-3 IT基盤に求められること 008
方向転換をスムーズに実現
Column クラウドにまつわるよくある誤解

1-4 AWSの基本コンセプト 010
カスタマーが満足することで増えるカスタマー数とサービス数
規模の経済の追及
Column 顧客満足度と従量課金

1-5 AWSのクラウドが選ばれる10の理由 014
1．初期費用ゼロ／低価格
2．継続的な値下げ
3．サイジングからの解放
4．ビジネス機会を逃さない俊敏性
5．最先端の技術をいつでも利用可能
6．いつでも即時にグローバル展開
Column AZと高可用性
7．高いセキュリティの確保
Column 責任共有モデルとデータセンター
8．AWSサポートのラインナップ
9．開発速度の向上と属人性の排除
10．運用負荷軽減と生産性の向上

1-6 Infrastructure as Code 033
ITソースをプログラムで操作
IaCから派生する機能

iv

第2章 ITシステムの使用例とAWSの主要サービス　035
―AWSはどんなときに使う?―

2-1 ITの機能とAWSのサービス ………………………………………… 036
一般的なITの機能とAWSのサービス
Amazon Virtual Private Cloud (Amazon VPC)
Amazon Elastic Compute Cloud (Amazon EC2)
Amazon Elastic Block Storage (Amazon EBS)
　Column　EC2 と EBS が分離している理由
Amazon Simple Storage Service (Amazon S3)
　Column　クラウドにまつわる誤解　データの保存場所
Amazon Relational Database Service (Amazon RDS)
　Column　AWS のマネージドサービス

2-2 AWSの利用例 ………………………………………………………… 044
一般的なウェブサイトを構築する
一時的なユーザー増に対応する
バックアップとして利用する
　Column　AWS の料金と決済通貨
Windowsファイルサーバーを移設する
静的ウェブサーバーをホスティングする
動画配信やライブ配信を行う

2-3 Well-Architectedフレームワーク ……………………………… 054
運用上の優秀性
セキュリティ
　Column　管理者による作業のログ
信頼性
パフォーマンス効率
コスト最適化

第3章 AWS導入のメリット その❶　059
―ネットワーク&コンピューティングを活用する―

3-1 AWSのコンピューティングサービスの概要 …………………… 060
主なコンピューティングサービス

Contents

3-2 Amazon EC2 ···································· 062

従来のサーバー運用との比較
さまざまなスケーリング
さまざまなOS、ソフトウェアをすぐに利用可能
Column Amazon Machine Image (AMI)
インスタンスファミリー
インスタンスタイプ
インスタンスのモニタリングを行う
管理者権限での利用
高い可用性
EC2のセキュリティ対策
Column サードパーティ製のセキュリティ製品の利用

3-3 Amazon VPC ···································· 074

複数のVPC
VPC間を接続する
インターネットと接続する
サブネット
IPアドレス
Column Elastic IP
VPCのセキュリティ
NAT（ネットワークアドレス変換）
VPCエンドポイント
VPN接続とDirect Connect接続

3-4 AWS Lambda ···································· 084

イベントに応じた処理を行う
サーバーレス
Lambdaの料金
イベントソース
Lambda関数の設定
Column AWS サーバーレスアプリケーションモデル (SAM)
Column Step Functions

第4章 AWS導入のメリット その❷ 091
―ストレージを活用する―

4-1 AWSのストレージサービスの概要 ···································· 092
Column ストレージの種類

4-2 Amazon S3 ···································· 094
バケットとオブジェクト
可用性と耐久性

Column クロスリージョンレプリケーション
ストレージクラス
Column 自動的なアクセス階・層の変更
Column 簡易見積もりツール
ストレージクラスを選択する
静的ウェブサイトをホスティングする
パフォーマンスを制御する
Column Amazon S3 Transfer Acceleration
バージョンを管理する
Amazon S3 Select
アクセス権限を管理する
Column 署名付き URL
バケットポリシー
データを暗号化する
Column AWS Key Management Service (KMS)
アクセスログを取る

4-3 Amazon EBS ··· 111
Column インスタンスストア
EBSボリュームを利用する
ボリュームタイプ
EBSの可用性・信頼性
Column EBS 最適化インスタンス
EBSボリューム容量の拡大・縮小、ストレージタイプの変更
バックアップを取得する
EBSスナップショットはどこに保管される?
リージョン間でスナップショットをコピーする
EBSスナップショットのコストは?
Column Amazon Data Lifecycle Manager (Amazon DLM)
EBSのセキュリティ

4-4 Amazon EFS ··· 121
EBSをマウントして利用する
伸縮自在の容量
EBSのパフォーマンス
Column EBS と EFS の違いは?

4-5 Amazon FSx for Windows ···················· 124
対応クライアント
パフォーマンス
Column EFS と FSx の違いは?
Column Amazon FSx for Lustre

vii

Contents

第5章 AWS導入のメリット その❸ 127
―データベースを活用する―

5-1 AWSのデータベースサービスの概要 ………………………… 128
RDSとDynamoDBの比較
RDSとDynamoDBの使い分ける

5-2 Amazon RDS ………………………………………………… 130
Column RDS はマネージド型サービス
RDSを使用するメリット
RDSの利用を開始する
RDSの可用性を高める
RDSでのバックアップとリカバリ
Column スナップショットと自動バックアップの使い分け
RDSを監視(モニタリング)する
RDSの性能を高める
RDSのストレージを拡張する
RDSの負荷を減らす
RDSのセキュリティ
Column Amazon Aurora

5-3 DynamoDB …………………………………………………… 143
DynamoDBを使用するメリット
可用性と耐久性
DynamoDBの利用を開始する
DynamoDB Localを使った開発
スループットキャパシティー
DynamoDBの整合性モデル
Amazon DynamoDB Accelerator(DAX)
DynamoDBでのバックアップとリカバリ
DynamoDBを監視(モニタリング)する
DynamoDBのセキュリティ

第6章 AWS導入のメリット その❹ 151
―セキュリティの考え方―

6-1 AWSのセキュリティサービスの概要 ……………………… 152
責任共有モデル

6-2 AWSのデータセンターのセキュリティ …………………… 154
AWSのセキュリティ対策

AWSのデータセンター

Column AWSのデータセンターについてもっと知りたい！

6-3 **AWSにおけるユーザー管理** ··· 157

ルートユーザー
AWS Identity and Access Management（IAM）の概要
IAMユーザー
IAMポリシー
IAMグループ
IAMロール

6-4 **セキュリティのベストプラクティス** ···································· 163

MFAを導入する
IAMユーザーなどに最小の権限を与える

第**7**章 新しいテクノロジーへの取り組みとクラウドネイティブ開発 165
―これからの時代に求められるスキルと人材―

7-1 **新しい技術トレンドへの対応** ··· 166

機械学習やIoTを実現させるサービス
機械学習やIoTの技術特性
機械学習やIoTのデータ蓄積
データの保存場所と分析や学習基盤を分ける
コスト効率の高いデータ運用

7-2 **クラウド時代のスキルと学習環境** ····································· 171

求められるスキル
クラウド時代の学習環境

付録A **AWSの利用にあたって** 173

A.1 料金について
A.2 さらに情報を入手するには
A.3 AWS公式トレーニング
A.4 AWS認定
A.5 AWSのアカウント開設

付録B **AWSのサービス一覧** 197

B.1 サービス一覧

ix

本書内容に関するお問い合わせについて

このたびは翔泳社の書籍をお買い上げいただき、誠にありがとうございます。弊社では、読者の皆様からのお問い合わせに適切に対応させていただくため、以下のガイドラインへのご協力をお願い致しております。下記項目をお読みいただき、手順に従ってお問い合わせください。

●ご質問される前に

弊社 Web サイトの「正誤表」をご参照ください。これまでに判明した正誤や追加情報を掲載しています。

正誤表　https://www.shoeisha.co.jp/book/errata/

●ご質問方法

弊社 Web サイトの「刊行物 Q&A」をご利用ください。

刊行物 Q&A　https://www.shoeisha.co.jp/book/qa/

インターネットをご利用でない場合は、FAX または郵便にて、下記 " 翔泳社 愛読者サービスセンター " までお問い合わせください。
電話でのご質問は、お受けしておりません。

●回答について

回答は、ご質問いただいた手段によってご返事申し上げます。ご質問の内容によっては、回答に数日ないしはそれ以上の期間を要する場合があります。

●ご質問に際してのご注意

本書の対象を越えるもの、記述個所を特定されないもの、また読者固有の環境に起因するご質問等にはお答えできませんので、予めご了承ください。

●郵便物送付先および FAX 番号

送付先住所　〒 160-0006　東京都新宿区舟町 5
FAX 番号　　03-5362-3818
宛先　　　　（株）翔泳社 愛読者サービスセンター

※ 本書の出版にあたっては正確な記述に努めましたが、著者および出版社のいずれも、本書の内容に対してなんらかの保証をするものではなく、内容やサンプルに基づくいかなる運用結果に関してもいっさいの責任を負いません。
※ 本書の記載内容は、本書執筆時点（2019 年 8 月）の情報であり、本書刊行後の情報と異なる場合があります。
※ 本書に記載されている画像イメージなどは、特定の設定に基づいた環境にて再現される一例です。
※ 本書に記載された URL 等は予告なく変更される場合があります。
※ 本書に記載されている会社名、製品名はそれぞれ各社の商標および登録商標です。
※ 本書では ™、®、©は割愛させていただいております。

第 **1** 章

クラウド コンピューティングの 特徴とメリット

―はじめてのAWS―

昨今、「クラウドコンピューティング」という
キーワードを耳にする機会が増えてきました。
さて、クラウドコンピューティングとはいったい何で、
どのように皆さんの役に立つのでしょうか。
本章では、
クラウドコンピューティングの
基本的なコンセプトなどをもとに、
その特徴やメリットを紹介します。

1-1 Amazon Web Services とは？

　この本を手に取られた皆さんは「クラウドコンピューティング」または「クラウド」というキーワードを耳にしたことがあり、**クラウドとはいったい何か？** が気になっているのではないでしょうか。

　クラウドコンピューティングは、従来の企業で利用されている IT の在り方に大きな変化を及ぼし、新しい IT 基盤の在り方を提供しています。

　従来の投資を伴う固定資産型の IT に対して、クラウドは原則として初期費用無償、従量課金のサービス型として利用する形態をとります。これがどのようなメリットを皆さんにもたらすのでしょうか。それを今から解説していきます。

AWSとは

　ここでは、Amazon Web Services（AWS）の歴史や特徴についてまとめていきます。

　AWS は、2006 年 3 月にウェブ経由で申し込み利用を開始することができる IT サービスとして、Amazon.com（Amazon）よりリリースされています。従来、初期投資を伴う固定資産型の IT を、初期費用無償、従量課金でサービス提供するというコンセプトを実現しました。その時点では「クラウドコンピューティング」というキーワードはまだ世の中の一般名詞としては定着しておらず、Amazon はそのビジネス形態を**ウェブから IT リソースを利用可能とする**という意味を込めて Amazon Web Services と名付けました。

　AWS は、現在（2019 年 8 月末）世界中で数百万のカスタマー[注1]が利用しており、日本でも 10 万を超えるカスタマーが利用しています。その歴史は Amazon に端を発します。

Amazonのビジョン

　Amazonは電子商取引の草分けとして1994年に創業、「地球上で最もお客様を大切にする企業であること」というビジョンを掲げています。そして、「我々はお客様の生活をより楽にします」という約束を宣言しています。

　この約束に基づきAmazonは、創立以来、多くの事柄にチャレンジしています。つまり、「テクノロジーを用いた多くの画期的なサービスの開発にチャレンジすることにより、お客様の生活をより楽に、より便利にしていきたい」と考えています。

AWSのマーケットシェア

　調査会社ガートナーの統計によると、全世界で利用されているクラウドコンピューティングのインフラ基盤のうち、50%近くはAWSのサービスが使われています（図1-1）。

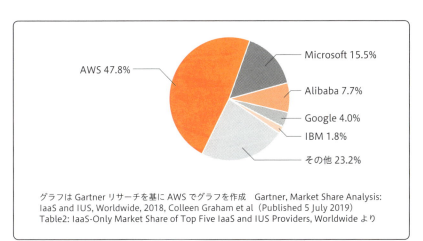

図1-1：AWSのグローバルマーケットシェア

注1　ここでいうカスタマーとは、過去30日以内にITリソースの利用により課金が発生したアクティブなカスタマーを指しています。

1-2 Amazonの挑戦

　AmazonのECサイトに始まり、**ITの力を駆使して多くのサービスを開発し、お客様の生活をより良いものにしていく**ということに、Amazonは挑戦しています。

ドローンによる無人配達

　Amazonでは、ドローンによる無人の配達を実現する、Amazon Prime Airというサービスを開発しています（図1-2）。海外の話になりますが、注文を受けた商品を無人のドローンで注文主の家の庭などに配達することを実現します。

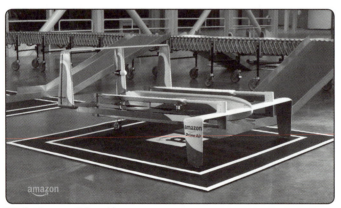

図1-2：Amazon Prime Air

　以下のURLからAmazon Prime Airの様子を動画で見ることができます。

- https://www.amazon.com/primeair

物流倉庫の稼働効率の向上

フルフィルメントセンター（物流倉庫）の稼働効率を、ロボットにより向上させる、Amazon Robotics という仕組みもあります（図 1-3）。

注文を受けた商品が搭載されている棚を、ロボットにより箱詰めの場所まで自動で移動させることで、出荷までの時間短縮を実現しています。

このシステムは、日本においてもすでに神奈川県川崎市のフルフィルメントセンターで稼働しています。

図1-3：Amazon Robotics

音声ユーザーインターフェイス

テレビ CM でもよく見かける、スマートスピーカーの Amazon Echo（図 1-4）と、そのエンジンである Alexa。これらは、利用者の両手がふさがっている状態でも、音声で指示を出すことを可能にします。

たとえば、ニュースを読み上げたり音楽を再生したり、タクシーや宅配ピザを手配したりすることができます。音声インターフェイスという新しいコンセプトを生活に根付かせています。

図1-4：Amazon Echo

　このEchoデバイスを経由して、テレビやエアコンなどのリモコン家電も操作できます。音声経由でAmazonのECサイトでの注文も可能で、必要なときに、必要なものをすぐに注文できます。

レジのないコンビニエンスストア

　Amazon Goは、レジのないコンビニエンスストアです（図1-5）。

図1-5：Amazon Go

　Amazonのアカウントと連携した専用アプリをスマートフォンにインストールすると、アプリがQRコードを生成します。利用者は、そのQRコードを機械にかざして店に入ります（図1-6）。

図1-6：QRコードをかざして入店

　そして、欲しいものを棚から取り、店舗を出ていくだけで買い物ができます。店舗を出た時点で、店内のセンサーやカメラなどから収集した利用者の行動履歴を分析し、店舗外に持ち出した商品を特定し課金を行い、アプリに通知します。

　従来このような仕組みの実現には、RFID、ICタグなどが使われていました。各商品にICタグを貼り付け、店の入り口に設置されているゲートが、持ち出された商品を読み取る方式です。しかしこの方式には、ICタグのコストが購買価格に反映されてしまう、という課題がありました。レジが存在しないために、ICタグを回収するタイミングも存在しないからです。また個別の商品にICタグを貼り付ける作業にもコストがかかってしまいます。

　Amazon Goでは、これを機械学習の力で解決しています。センサーやカメラから収集されたデータをクラウドコンピューティングにより解析することで、ICタグというハードウェアに頼らず、ソフトウェアの力で同様のことを実現し、商品選定に柔軟性を確保しています。また、ユーザーはレジに並ぶという時間を節約することができ、ストレスフリーな購買体験を体感することができます。

1-3 IT基盤に求められること

　ITの力を駆使したサービス開発では、多くの失敗を繰り返し、そこから得た学び、反省点を次の開発につなげていくことが大事です。

　このときに、すでに投資済みのIT基盤があったり、もしくはIT基盤への再投資が必要であったりすると、その方向転換は難しくなります。関係者に、IT基盤の作り替えの必要性などを、時間をかけて説明していかなければなりません。その後、承認を得て追加発注を行えたとしても、納品までの待ち時間や、納品された後の設定作業などで多くの時間を消費し、開発までの道筋は簡単ではなくなります。

　ときには、コストの観点からIT基盤変更の要望が却下されるケースもあります。そして、新しい技術への取り組みや研究など、一時的にITリソースを必要とする場合、投資対効果の立証が困難であり、さらにその承認プロセスは難しくなります。

方向転換をスムーズに実現

　Amazonでは、テクノロジーを活用した多くのイノベーションへ挑戦するにあたり、そのIT基盤が課題となりました。新しいテクノロジーへの取り組みは、多くの実験、実験から得た考察をフィードバックさせた新しい実験環境の構築、というサイクルを何度も回す必要があります。

　そして、その都度ITリソースの確保に時間がかかっていては、タイムリーな開発を行うことができません。そのため、必要なときに必要なだけ、すぐITリソースをサービスとして利用可能な基盤が開発されました。

　その自動的に拡張・縮小できる伸縮自在なITリソースを同じIT課題を持つ外部の開発者にも使ってもらうために、汎用のITサービス、今でいうクラウドコンピューティングとして開発されたのがAWSです。

AWS を使用すると、必要なときに必要なだけ IT リソースを手に入れることができます。

　たとえばサーバーやデータベース、ストレージなどは数分で必要な分だけリソースを確保することができます。従量課金型ですので、必要なくなればその IT リソースを解放することで課金を止めることもできます。これにより方向転換をスムーズに実現させることができ、既存の IT リソースに縛られない開発を実現させることができます。

Column　**クラウドにまつわるよくある誤解**

　クラウドコンピューティングは、たくさんのカスタマーが利用中ですが、まだ理解されていないケースも多く、いろいろな誤解などが存在しています。AWS では、正しい理解を皆さんにお届けする活動を日々行っています。

　その中で一番有名なものがこちらです。

● **AWSはAmazonを支えることがメインの事業であり、その余ったIT リソースでクラウドサービスをカスタマーに提供している。**

　前述のとおり、AWS は Amazon のさまざまなサービス開発における必要性からサービスが生まれています。このため、AWS は Amazon における IT の一機能として存在していました。しかし 2006 年 3 月に汎用の IT サービスとしてリリースされて以降は、独立したクラウドコンピューティングを提供するサービスとして存在しています。そして、AWS にとって Amazon はあくまで 1 つのカスタマーです。現在 AWS を利用しているカスタマーは、全世界で数百万、日本でも 10 万超存在しています。

1-3 ーT基盤に求められること

1-4 AWSの基本コンセプト

ここでは、AWSのサービス運営、開発においての基本コンセプトについて見ていきます。

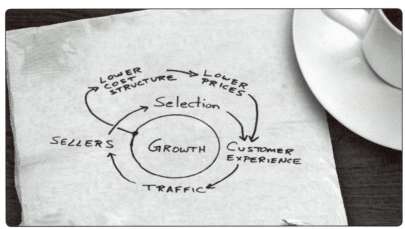

図1-7：ジェフ・ベゾスが創業時に書いたといわれるビジネスモデル

図1-7は、Amazonの創設者であるジェフ・ベゾスがAmazonを立ち上げる際にそのビジネスコンセプトをまとめたものです。そしてこの小売り、サービスにおける考え方を従来の初期投資を伴うITに適用したものがAWSです。クラウドコンピューティングというキーワードやコンセプトが世の中に広く流通する前にAWSというサービスが生み出された背景には、この図を主体とした考え方があり、カスタマー中心のビジネス設計があります。

この図には、以下の2つの流れがあります。

①「品揃え」⇒「顧客満足」⇒「顧客数」⇒「売り手の数」⇒「品揃え」
②「低コスト」⇒「低価格」⇒「顧客満足」

カスタマーが満足することで増えるカスタマー数とサービス数

①の流れについて見ていきます。カスタマーがそのサービスに満足するには、なるべく多くの品揃えが必要です。それによりカスタマーのやりたいことが1か所で実現できる可能性が高まり、さらに満足するようになっていきます。その結果が口コミにつながり、さらに多くのカスタマーがサービスを利用するようになります。そして多くのカスタマーが集まる場所には、多くの要望が集まり、その要望をかなえるために商品やサービスを提供してくれる多くの売り手が集まり始めます。こうしてサービス自体がプラットフォームへと形を変えながら、小売りの世界でいう「出店者」、IT の世界でいう「パートナー」がより多くのサービスを追加で利用可能としていきます。たとえば、AWS で使いやすいライセンス形態を取り入れたアンチウィルスソフトウェアや、従来型のITを AWS へ移行する作業を提供する、などが該当します。それがさらに品揃えを増やし、よりカスタマーに満足いただけるようになる、というサイクルです。

規模の経済の追及

現在（2019年8月末）AWSは、世界で69、日本だけでも5つのデータセンター群（＝アベイラビリティーゾーン：Availability Zone (AZ)[注2]）を運営しており、AZ はさらに複数のデータセンターから構成されているケースがあります（図1-8）。

そして、複数の AZ を束ねたものをリージョンと呼びます。世界で22のリージョンが運営されています。日本にある東京リージョンは4つの AZ を保有し、東京リージョンのみで複数のデータセンター群にまたがったシステム構築ができるように留意されています。さらに、地理的に離れた箇所でシステムのディザスターリカバリを構築可能な大阪ローカルリージョンにも1つの AZ が存在しており、利用可能です。

これらのデータセンターにはそれぞれ数万台のハードウェアが稼働し

注2　アベイラビリティーゾーンについては、P023のコラム「アベイラビリティーゾーンと高可用性」を参照。

ており、日々その規模は拡張を続けています。システム全体の維持コストは増えていきますが、その一方ITのシステムはその集積度合いが進めば進むほど、運用効率が向上し、購買力が増し、サーバー1台あたりのコストは低下していく特性を持っています。利用者側から見れば、そのサーバーの維持コストは利用中も安くなっていきます。これが②の流れです。

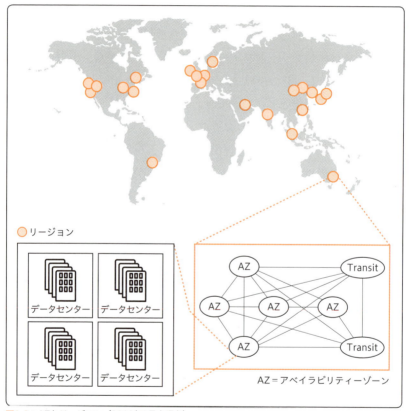

図1-8：AZとリージョン（2019年8月末現在）

AWSは、従量課金であり、その支払いサイクルは月末締め後払いが利用形態の基本です。利用料は、コストの低下に伴い安くなっていきます。過去の実績として69回以上の値下げを実現しており（2019年8月末現在）、利用中にそのコストが安くなるIT基盤を実現することが

でき、安心して利用できるようになります。これによりカスタマーの数はさらに増え、AWS のシステム全体はより拡張し、1 台あたりのサーバーの維持コストが低下する、というサイクルにつながります。

Column　顧客満足度と従量課金

AWS では、サービスの提供においてカスタマーの満足度こそが最も大事であると位置づけています。前述のとおり、その理由は、カスタマーの満足度こそが、利用者数を増やすキーとなり、サービスの品揃えや、コストの低下につながるためです。

そして、その理由はもう 1 つあります。それは、AWS が従量課金型であることです。「初期費用不要で、必要なときに必要なだけ IT リソースを確保することができる」ということは、**必要なくなれば、その利用をいつでも取りやめることができる**という自由が生まれることを意味します。このため、従量課金型のサービスは「常にカスタマーに満足いただいているかどうか」が容易に反映されます。

そして AWS を利用するカスタマーの IT サービスの成功も重要な指標です。カスタマーの IT サービスの成功こそが AWS の継続利用へとつながります。成功の基準は、コスト削減、収益性向上、より多くのエンドユーザーの確保など、カスタマーにより異なります。このため AWS ではカスタマーからの追加開発要望を非常に重要と考えています。

現在（2019 年 8 月末）、AWS では 165 のサービスを提供していますが、その約 95% は実際のカスタマーからいただいた要望をもとに開発しています。

1-5 AWSのクラウドが選ばれる10の理由

　クラウドコンピューティングに分類されるサービスは、世の中に非常に多く存在しています。前述のガートナーの統計によると、AWSはクラウドコンピューティングのグローバルシェアの50%近くを占めています。ここでは、AWSの特徴を、カスタマーに支持される10の理由としてお伝えしていきます。

I. 初期費用ゼロ／低価格

　AWSでは初期費用なしに、ITリソースを利用可能です（図1-9）。従来の固定資産型ITをサービス利用型に変更します。これにより、大きな初期投資が必要なくなり、従来のIT投資判断に縛られることなく、柔軟にITリソースを確保できるようになります。
　AWSは完全な従量課金型で利用できるため、必要がなくなったときは、サーバーを停止し、データを削除することで、課金が停止されます。

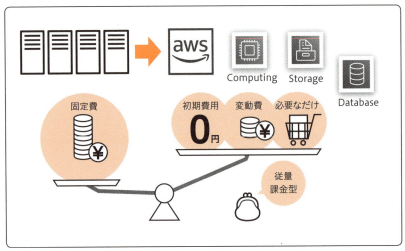

図1-9：資産型ITをサービス利用型に変更

一方で、繁忙期などは必要な時間に必要な分だけITリソースを増強することも可能です。

長期的なコスト支払いの義務が発生しないため、新しいプロジェクトの立ち上げや、サービス検証などをより迅速かつ簡単にできるようになり、撤退コストを最小化することが可能です。料金は秒単位または時間単位で計算されます。価格はすべてAWSのウェブページで公開されています。

2. 継続的な値下げ

AWSは、2006年にサービスがリリースされて以来、とても速いスピードで規模が拡大しています。現在（2019年8月末）、世界中で69のデータセンター群を運営し、日本だけでも5つのAZにおいて、数10万台を超えるサーバーが展開されています。このスケールメリットによってサーバーの調達コストや、データセンターやネットワークの維持コストを仮想サーバー1台あたりに換算したコストがどんどん安くなります。

また、新しい技術革新によるITコストの低下もコストダウンのサイクルに含まれ、料金の値下げにつながっています。AWSでは、カスタ

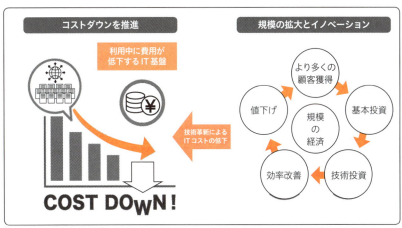

図1-10：継続的な値下げ

マーは毎月その利用料を後払いで支払う形態をとりますが、その支払金額は徐々に安くなっていきます。すなわち、定期的にITコストの低下を料金の値下げという形でカスタマーに還元しており、過去10年間において69回の価格改定を実現しています（図1-10）。

これにより、保守費用の値上げなどの影響で利用中にITコストが上がることなく、逆に利用している間にITコストが安くなるというサービスを実現できています。また、価格は透明であり、値下げは自動で行われるため、値下げ交渉などによるカスタマー間の費用差異や、交渉コストなども発生しません。

3. サイジングからの解放

AWSでは、必要なときに数クリック、数分間でサーバーの台数の増減が可能です。また、今稼働しているサーバーのCPUやメモリ、ストレージのサイズを変更することも可能です。

たとえば一般的な固定費タイプのIT資産の場合、図1-11のようになります。グラフでは、黒色がビジネスの成長予測曲線、オレンジ色の線がビジネスを支えるために必要なITリソースを表しています。

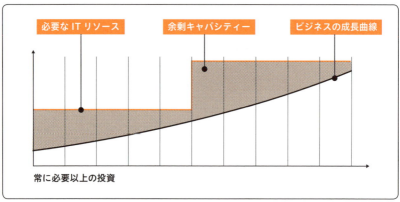

図1-11：一般的な固定費タイプのIT資産の場合

サーバーを購入する場合、一般的には 5 年ないしは 6 年の償却期間を持ち、その間を想定したリソースを確保するため、投資直後は非常に多くの余剰キャパシティーを抱えるため、会計上の収益を圧迫します。

AWS を活用した場合が図 1-12 です。このグラフも同様に黒色がビジネスの成長予測曲線、オレンジ色の線がビジネスを支えるために必要な IT リソースを表しています。Windows や有償 Linux ディストリビューションを搭載したマシンであれば 1 時間単位、無償 Linux ディストリビューションであれば、1 秒単位でそのリソースを調節することでコストを適正に保つことが可能です。

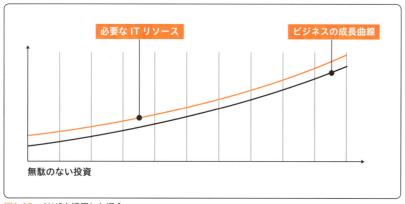

図1-12：AWSを活用した場合

さらに、長期にわたったビジネスの成長予測は困難なケースがあります。将来的に予期しない事象が発生することも考えられます。この場合 AWS であれば適宜 IT リソースを調整することができます。

図1-13は、より短期的なピークを迎えるケースです。たとえばTVショッピングの注文を受け付けるサイトの場合、そのピークは一時的です。ビジネスの成長予測を精緻に見積もることができたとしても、オフピーク時に無駄なITリソースを抱えることになります。

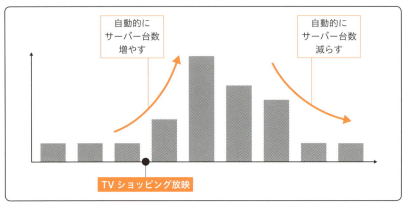

図1-13：ITリソースの増減を自動化

　AWSを利用することで、必要なときにITリソースを増減させることができるようになります。すでに稼働済みのサーバーの稼働率を監視し、負荷が高いようであればサーバーを増やす、負荷が低いようであればサーバーを減らします。この作業は自動化が可能です。これにより、運用におけるコストの低減や人手による作業ミスをなくす、といったことができるようになります。

　社内利用の場合、従業員が業務を行っていない夜間や週末に、サーバーを停止させることでよりコストを削減させることが可能です（図1-14）。

　設定作業などは発生しますが、この動作を自動化する運用を構築できます。たとえば、あるエンジニアが特別に夜間作業を行いたい場合は、特定のメールアドレスに「サーバー稼働希望」とメールを送るだけで、一時的にサーバー停止を行わないようにすることが可能です。また、利用状況に応じて、土曜の早朝にサーバーを停止し、月曜の早朝にサーバーを再開する、といったスケジュールを実現することもできます。

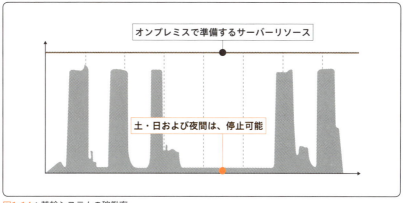

図1-14：基幹システムの稼働率

4. ビジネス機会を逃さない俊敏性

　AWSでは必要なときに数クリック、数分間で、必要な分だけITリソースを確保することが可能です。また今稼働しているサーバーのCPUやメモリ、ストレージのサイズを変更することも可能です。投資を伴うITは、一度リソースを購入した後は、その変更が困難です。そのため、必要となるITリソースをかなり精緻に見積もらねばならず、それには時間がかかりました。また、ITリソースが確保できた後、アプリケーション開発に入った際でも、予想以上の負荷が発生してしまい問題となるケースがありました。

　このため、投資を伴うITは、計画フェーズに多くの時間を費やすこととなりました。しかし、AWSの場合は、まず最小構成で環境を構築して作業を開始して、必要に応じて変動させることができます（図1-15）。

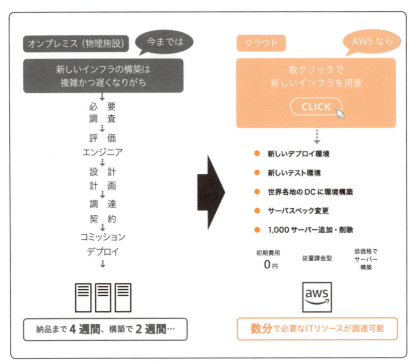

図1-15：ビジネス機会を逃さない俊敏性

　これまでのオンプレミスでは、IT基盤を構築する際には、必要なリソースを見積もり、発注を行う必要がありました。この作業は一般的に時間がかかります。必要な技術要件を調査し、ときにはその技術検証を机上で行います。そして、実際に必要なリソースを算定し、調達作業へと入ります。場合によっては、その注文書の処理作業に新規の契約が発生し、内部作業に多くの時間がとられるかもしれません。納品された部材はすぐ稼働するわけではなく、データセンターなどへの組み込み、ネットワークの設定作業、OSやミドルウェアのインストール、パッチの適用作業等多くの時間がかかりました。

　しかしクラウドであれば、数クリック、数分で必要なITリソースをいつでも起動することができ、本来達成すべき目的（技術検証やアプリケーション開発等）に多くの時間を割くことができます。たとえばこの考え方は、既存ITシステムのコスト最適化だけではなく、新しい技術

への取り組みや新しいサービスの研究の際にも非常に有益です。新しい技術への取り組みは未知数が多く、その収益性や必要となる IT リソースの見積もりが困難な場合が多くあります。このように新しい取り組みに対してクラウドを積極的に活用しているカスタマーも多くいます。

5. 最先端の技術をいつでも利用可能

AWS では、現在（2019 年 8 月末）165 を超えるサービスを提供しており、2017 年は 1,430 回、2018 年は 1,957 回を超える機能拡張を実施しています。それらの約 95% は、実際に AWS を利用しているカスタマーからの要望をもとに実装されています。そしてそれら実装された機能は、サービスの一般リリース時点ですべてのカスタマーが利用でき、特定顧客のみが利用可能な機能は存在しません。これにより、国や地域にかかわらず、最先端の技術やサービスを統一した環境で利用可能になります（次ページの図 1-16）。

サービスの種類が豊富であれば、カスタマーは多くのコンポーネントを AWS のみで構築することが可能となり、複数ベンダーとの打ち合わせを繰り返す必要がなくなり、またエンドユーザーからの要望や変化する市場環境に応じて、いつでも最新技術をサービスに取り込めるため、結果としてビジネスはスピードアップしていきます。

また、多くのサービスを組み合わせて使うことで、カスタマーはすでに存在している IT サービスを再開発する必要がなくなり、その分ビジネスプランの策定といった、より戦略的な活動に時間を使うことができます。

6. いつでも即時にグローバル展開

AWS は、従来のオンプレミスのデータセンターとは異なる、複数のデータセンター群にまたがったシステム構成を可能とするコンセプトを実現しています。このため、データセンターの集合体であるリージョンから構成され、リージョンは複数の AZ で構成されます。リージョンを

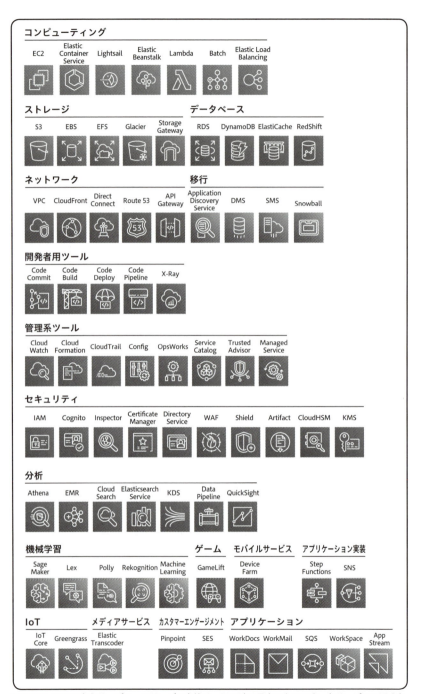

図1-16：AWSの主なサービス ※サービス名等は、2019年8月末のものです。各サービスの正式名称や内容については、付録Bを参照してください。

構成する AZ はさらに 1 個以上のデータセンターで構成されています。このため、単一リージョンでデータセンターを分散した可用性の高い冗長システムを構築することができます。世界で 22 のリージョン、69 の AZ を展開し、カスタマーがアカウントを開設した時点で、世界中のデータセンターにシステムが展開可能です。海外へのシステム展開は現地視察や現地データセンターとの契約など時間のかかる作業でしたが、AWS なら数分で作業が完了します。

　一度東京リージョンで構築したシステムをテンプレート化し、それを別のリージョンや、東京リージョンの別の AWS アカウントでコピーを立ち上げることが可能です。AWS が提供しているコンテンツ配信のサービスを利用することで、東京リージョンから世界中のユーザーへ効率的なデータ配信を行うことや、複数リージョンにシステムのコピーを配置し、グローバルロードバランサーを配置し、ユーザーからのリクエストを世界中に点在している一番最適なリージョンへ誘導する機能も備わっています。

Column　AZと高可用性

　サービス提供ができなくなる事態の発生頻度が少ないことを指す IT 用語に「高可用性」があります。可用性が高ければ高いほど、サービスは障害などの影響を受けず継続したサービスを提供できます。

　AWS の高可用性の実現において極めて重要なコンセプトが AZ です。AZ は 1 個以上のデータセンターで構成される、データセンター群です。そして、リージョンは複数の AZ により構成されています。この複数のデータセンターにわたってシステムを構築することで、単一データセンターの障害においてもシステムを継続させることが可能となります。

　この AZ という用語は、クラウドコンピューティングの普及に伴い、IT 一般用語として定着しつつあります。その一方で AZ と呼称した際に、複数の AZ が単一のデータセンターに格納されているケースがあることに注意する必要があります。AWS の AZ はそれ自体が独立したデータ

センター群から構成され、単一データセンターに複数の AZ が格納されることはありません。

また、AZ 間の通信は、東京リージョンを用いて手元で実測したところ、遅延が平均 1ms 未満、最大 2ms 以下となるように設計されており非常に低遅延となります。このため、従来型の IT とその考え方が大きく異なります。

従来型の IT において、システムの災害対策を目的として複数のデータセンターにまたがったシステム構築を行う場合、その通信遅延が大きいため、それぞれのデータセンターに存在するシステムのデータ同期に課題を抱えます。このため、メインデータセンターとバックアップ用データセンターを用意せざるを得ないケースが多くあります。メインデータセンターには複数のサーバーを配置し、障害に備えてバックアップ用のデータセンターに障害対応用のサーバーを配置するアーキテクチャが一般的となります。

一方 AWS の場合、データセンター間の通信遅延が非常に低遅延となっているため、複数データセンターに存在するシステムのデータ同期が容易になります。このため、それぞれの AZ にサーバーを 1 台ずつ配置し冗長構成とすることを可能とします。これにより、本来必要なサーバー台数は最小構成で 2 台となり、従来型の IT よりさらに少ないサーバー台数、少ないコストでデータセンター規模でのシステム冗長化を実現します。

また、地理的に離れた距離におけるシステムの分散構築が必要な場合、日本においては大阪ローカルリージョンや、国をまたいだ複数リージョンでのシステム構築も可能です。

複数の AZ に高可用なシステムを展開する場合、ロードバランサーの設定など設計時に考慮すべき内容もあります。AWS では、Well Architected Framework として、カスタマーの設計を助ける設計指針を公開しています。Well Architected Framework については、第 2 章で説明します。

7. 高いセキュリティの確保

　AWSは2006年から、クラウドコンピューティングサービスの提供にあたり、セキュリティはその最優先事項と位置づけ、セキュアなシステムを構築し、カスタマーのイノベーションに迅速に対応可能なクラウドインフラストラクチャを提供してきました。クラウドセキュリティはAWSの最優先事項です。AWSではセキュリティやコンプライアンス上の統制を実装、オートメーションシステムを構築し、第三者監査によるセキュリティやコンプライアンスについての検証が実施されています。そして管理者画面から、AWSが取得している第三者監査の監査レポートなどを入手できます。

　AWSでは**責任共有モデル**というコンセプトを提唱しています（図1-17）。データセンターやインフラ、ネットワークなどは、クラウドサービスに組み込まれており、管理責任はAWSにあります。その一方クラウド上で起動するOSやデータベース、アプリケーションなどについてはカスタマーが責任を持つというコンセプトです。

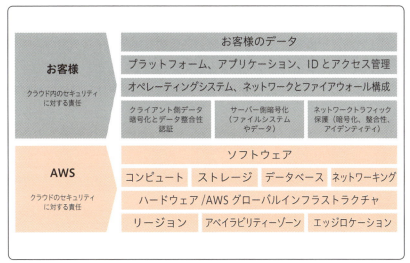

図1-17：責任共有モデル

従来型の IT であれば、カスタマーがすべてに責任を持っている形態でしたが、インフラレイヤーなどの一部を AWS のセキュリティ専門部隊に任せる、という考え方になります。

クラウドを活用することで、AWS と利用者が協力して高いセキュリティを実現しうる基盤を構築することができます。

Column **責任共有モデルとデータセンター**

前述のとおり、データセンターなどに対する責任は AWS が保有します。そして、すべてのカスタマーに対して、データセンターの所在地は非公開です。これは、ネットワークを介した論理的な攻撃だけではなく、データセンターそのものに対する物理的な攻撃を防ぐ必要があるためです。

はじめてクラウドを検討されるとき、データセンターの所在地が不明である点に不安を感じる方もいらっしゃいます。このときは、普段利用している携帯電話を想像してもらうことをおすすめしています。携帯で電話やメール、メッセージアプリなどを使う際に、電波がどこと通信を行い、どこにデータが保存されているか、気にされる方は少ないはずです。これは、携帯電話を利用する際の通信網などがキャリア側の設備であり、ユーザーはそれをサービスとして利用していることが暗黙の合意として存在しているためです。クラウドは、IT でそれと同じことを実現します。従来型の IT は自分たちで資産を保持していましたが、クラウドではサービスとして IT を利用するという形態となります。

---

8. AWSサポートのラインナップ

AWS の 165 を超えるサービスの中で、最も大事なサービスの 1 つがサポートです。日本語によるサポートを提供しています。もちろん英語での問い合わせでも問題ありません。

サポートプランは全部で4種類あります（図1-18）。一番基本的なベーシックプランは無償ですが、技術的な問い合わせには対応できません。AWSの利用における費用の問い合わせが可能です。通常商用環境でAWSを利用する方に、おすすめしているのが**ビジネスサポートプラン**です。

また、大型のシステムでAWSを利用するカスタマー向けに、**エンタープライズプラン**として、専属のテクニカル担当者がアサインされるプランも用意されています。

これらのプランは、オンラインでいつでも利用を開始することができ、そのシステムに最適なサポートを得ることができます。

ビジネスサポートプランでは、電話、チャット、メールによる24時間365日対応を行っており、問い合わせ回数に制限はありません。緊急度レベルにより応答時間は異なりますが、ビジネスへの影響度合いが高いものについては、1時間以内に初回回答されます。通常の問い合わせであれば24時間以内に回答されます。非商用環境における技術的な質問に応える**開発者サポートプラン**も提供しています。

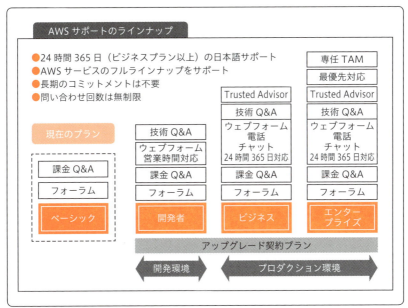

図1-18：AWSサポートのラインナップ

また、Trusted Advisor というチェックツールを用いて、AWS ベストプラクティスに従ってリソースをプロビジョニングするのに役立つ、リアルタイムガイダンスが提供されます。すべてのカスタマーはサポート加入状態にかかわらず、環境のセキュリティとパフォーマンスを向上するのに役立つ、7 つの Trusted Advisor のコアチェックが提供されます。

ビジネスまたはエンタープライズサポートプランに加入している場合、AWS インフラストラクチャ全体を最適化するのに役立つ、フルセットの Trusted Advisor チェックにアクセスし、セキュリティとパフォーマンスの向上、総コスト削減などが提供されます。このツールでは、たとえば CPU 利用率の低いサーバー、利用割合が低いストレージなどを洗い出し、AWS 利用料の無駄を防いでくれます。さらにネットワークやセキュリティの設定状況などを自動判別し、安全かどうか、外部から侵入される可能性がないかどうかなど、50 を超える項目を自動でチェックします。

これにより無駄な利用料金の支払い、低いセキュリティ状態の設定による利用などを防ぐことができます。

9. 開発速度の向上と属人性の排除

クラウドコンピューティングを駆使したアプリケーション開発を行う場合、可能であればマイクロサービスアーキテクチャの採用をおすすめしています。

従来型のアプリケーションは、図 1-19 のような、一枚岩の堅牢な巨大なシステムを開発するスタイルが取られるケースがあります。

図1-19：巨大な一枚岩（エアーズロック）

　これを今日では「モノリシックアーキテクチャ」といいます。モノリシックアーキテクチャでは内部に複数の機能を含み、お互いが密接に連携しています。システム、そしてそのシステムが支えるビジネスが成長するとともに、メンテナンス作業が複雑化してしまう、という特性を持っています（図1-20）。内部構造、そしてお互いの機能が再利用されることなどが発生し、複雑に連携しているためです。

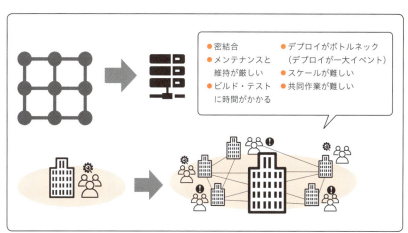

図1-20：規模の拡大によって生まれる問題

そして、そのシステムに携わっている時間が長い人間の判断が逐次必要となってしまい（属人化し）、組織設計上想定されていた以上の情報や判断が限られた人間に集中します。これは、ときには経営リスクとなりえます。新しい機能の投入のために必要なテストの時間なども増大していき、最終的にはビジネスの成長を阻害する要因となっていきます。

その問題を解決するのがマイクロサービスアーキテクチャといわれるものです。

マイクロサービスアーキテクチャでは、システムは機能単位に分割され、API を経由してのみ連携します。つまり、連携先のシステムが異なる OS、異なるデータベース、異なるフレームワークを用いていたとしても、ブラックボックスのままで自分たちのシステムの開発を進められるという利点があります。API の挙動に影響を与えないバージョンアップは少ない人数の判断・承認のみでリリース作業やテストが可能となり、システム開発速度全体が向上し、ビジネスの競争力強化につながります。

従来型の IT と異なり、クラウドはユーザーからすると実質無限のリソースが存在し、アプリケーションを動作させるサーバーを分割することができます。このため、クラウドではこのマイクロサービスの導入が従来型の IT より容易となります。

10. 運用負荷軽減と生産性の向上

マイクロサービスアーキテクチャを導入し、高い開発効率が実現できた場合、次の課題となるのは IT インフラの管理コストです。高い生産性と開発されるサービスへの責任感が最大化されることを考えた場合、プログラマーのチームは垂直統合型にそのサービスすべてに責任を持つことが望ましい形態となり、サービスの開発と運用に単一のチームが責任を持つ DevOps[注3] という概念が生まれています。これはクラウドを活用したインフラの管理も含みます。

その場合、いくら AWS を利用して運用が便利になっているとはいえサーバーが存在するよりは、サーバーが存在しない方がより管理工数は

減り、生産性は最大効率を得ます。たとえば一番よく使用される仮想化されたサーバーを提供するサービスである Amazon Elastic Compute Cloud（Amazon EC2）は、あらかじめ CPU、メモリ、ストレージを指定してサーバーを起動します。

　規模の経済、技術的イノベーションがもたらすコスト低下、自動でサーバー台数を増減可能なオートスケールやサーバーが保有するリソースそのものを増減可能なスケールアップ／ダウンの機能によりコスト効率はよくなりますが、まだ削減可能な項目が存在しています。サーバーは その技術特性上 CPU、メモリ、ストレージが 100% 利用されている状態にし続けておくことが不可能であるためです。一方、たとえば Amazon Simple Storage Service（Amazon S3）というストレージは実際に保存されているデータ量に対してのみ課金されるため、コスト効率はよりよくなります。そのサービスを支えるハードウェアやキャパシティーは、利用状況を見ながら AWS 側で調整を行うため、カスタマーはより開発に注力することができるようになります。

　障害における対応などが、あらかじめ設計済みであることも大きなメリットです。

　たとえば、Amazon EC2 をホストしている AWS 内部のハードウェアに障害が発生した場合、サービスはその障害の影響を一時的に受けてしまいます。AWS には大量のハードウェアが存在しているため、正しく設定されていれば障害時には、自動で利用しているハードウェアが入れ替わりシステムが自動で復旧することで影響範囲を極小化することは可能ですが、もちろん障害が発生しない方がいいことはいうまでもありません。

　一方、AWS のマネージドサービス基盤は、そのあたりがあらかじめ設計に組み込まれたサービスとして「機能」だけが提供されます（図 1-21）。

注3　DevOps　https://aws.amazon.com/jp/devops/

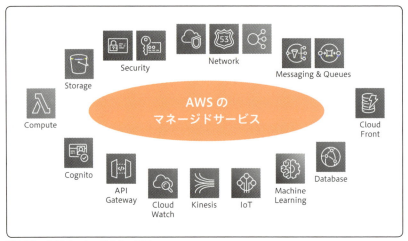

図1-21：AWSのマネージドサービス

　代表的なものに、Elastic Load Balancing（ELB）というロードバランサーがあります。

　通常ロードバランサーといえば、アプライアンスの形態などをとり、単一のハードウェア、ないしはバーチャルアプライアンスの場合、単一のサーバー上で動作します。AWSのロードバランサーは仮想化された形態で存在しており、単一の実体はありません。複数のAZ群にまたがり1つのロードバランサーが仮想的に機能として存在する、という形態をとります。

　API経由、ないしは管理者画面上から操作を行い、カスタマーが構築済の仮想サーバーをアタッチしていきます。

　これにより、ロードバランサーの構築、運用、ソフトウェアの保守などから解放されより多くのリソースを開発に割り当てることが可能となり、開発効率はさらに向上します。

　このほかにもマネージドサービスは、機械学習基盤、IoTプラットフォーム、ID／パスワードの認証基盤、データベース等数多く存在しています。

　AWS上でアプリケーション開発を行う際には、これらのマネージドサービスの積極活用を強くすすめています。

1-6 Infrastructure as Code

AWSでも、そのサービス開発において大事にしているもう1つのコンセプトが **Infrastructure as Code**（IaC）です（図1-22）。

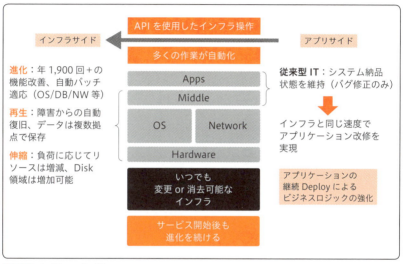

図1-22：IaCのコンセプト

AWSはブラウザからマネジメントコンソールを用いて、必要なときに、必要なだけITリソースを確保することができるようになり、従来型のITをより使いやすいものに変えています。同時にAWSは、ITリソースをブラウザからの手作業ではなく、プログラムからAPI経由でそのITリソースを操作することを可能としています。それがIaCというコンセプトです。

ITリソースをプログラムで操作

たとえば、定期的に発生するデータのバックアップやサーバーの再起動などを考えてみましょう。これらを手作業で行う場合は、手順書を整備して作業を行うこととなります。手作業である以上、どうしても作業ミスが発生する可能性があります。この手作業を、プログラムに置き換えることができるとしたらどうでしょうか。一度そのプログラムが完成してしまえば、だれがいつ何度そのプログラムを実行しても、常に同じ作業が実行されることとなります。また、作業員は複数の手作業を行う必要がなくなるため、作業効率を上げることもできます。

IaCから派生する機能

AWSの場合、これだけではなく、IaCから多くの機能が派生しています。一番有名なものがオートスケーリングです。たとえばB2Cのサービス、ECサイトなどを提供しているサーバーがある場合、季節によっても、24時間の中でもピークとオフピークは常に存在しています。そのピークに備えたサーバーのコストはオフピークの時間帯には無駄なコストとなり事業全体の収益を圧迫してしまいます。オートスケーリングを使用すると、起動状態のサーバーの負荷状況（CPUの稼働状況やネットワークの利用量）などを見ながらサーバーの増減を自動で行ってくれます。これによりシステム全体の維持コストを適正に保ちます。

第 2 章

ITシステムの使用例と
AWSの主要サービス

—AWSはどんなときに使う?—

第1章では、
クラウドコンピューティングである
AWSの特徴やメリットをまとめました。
本章では、
「どのように皆さんのIT基盤に対して
AWSを活用することができるのか」
について話を進めていきます。
一般的なITのユースケースをもとに、
クラウドにおける基本的なシステム構成や、
それを実現するAWSの主要サービス
について解説します。

2-1 ITの機能とAWSのサービス

　Amazon Web Services（AWS）は、165を超えるサービスを提供しています（2019年8月末現在）。しかし、最初からすべてのサービスを覚える必要はもちろんありません。まずは基本的なサービスについて理解し、それから必要に応じてほかのサービスも活用していくことになります。本書では、3章以降でそれぞれの基本的なサービスを学ぶことになりますが、その前にそれらのサービスの特徴や皆さんのユースケースについてまとめていきます。

一般的なITの機能とAWSのサービス

　AWSでは、資産を保有する形態をとる従来型のITをサービス型に変更し、従量課金で利用できます。そして、従来のシステムをなるべく変更することなくAWS上でも構築できるようになっています。表2-1は、一般的なIT機能とAWSのサービス名を対比させたものです。

一般的なITの機能	AWSの機能	解説する章
ネットワーク、ルーター、ファイアウォール	Amazon Virtual Private Cloud（Amazon VPC）	3章
WindowsやLinuxのサーバー	Amazon Elastic Compute Cloud（Amazon EC2）	3章
Amazon EC2用ストレージ	Amazon Elastic Block Storage（Amazon EBS）	4章
ログファイルや静的保存用ストレージ	Amazon Simple Storage Service（Amazon S3）	4章
データベース	Amazon Relational Database Service（Amazon RDS）	4章

表2-1：一般的なITの機能とAWSのサービスの対比

036　第2章 ┃ ITシステムの使用例とAWSの主要サービス─AWSはどんなときに使う？─

Amazon Virtual Private Cloud (Amazon VPC)

　AWSでアカウントを開設すると、アカウントごとに専用のネットワーク空間 Amazon Virtual Private Cloud（Amazon VPC）が1個存在しています。そのVPCに対して、外部インターネットとの通信を許可するパブリックサブネットを構築することができたり、皆さんのオフィスや契約しているデータセンターなど特定のネットワークからのプライベート通信のみを実現させたり、プライベートサブネットを構築したりすることができます。

　パブリックサブネットに構築されたサーバーはパブリックIPを持ち、インターネットとの通信が可能となりますが、プライベートサブネットに構築されたサーバーはあらかじめ指定されたプライベートなネットワークからの通信のみが許可されます（図2-1）。

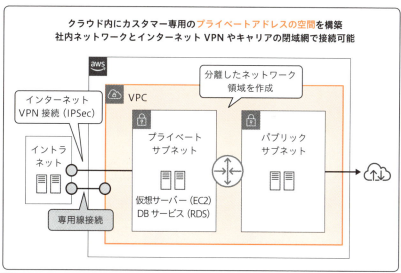

図2-1：Amazon VPC

　インターネットに接続するサーバーを起動する場合、管理者は意図的にパブリックサブネットを構築し、中に起動させるサーバーを明示的に外部との通信を許可する必要があります。

Amazon Elastic Compute Cloud (Amazon EC2)

　Amazon Elastic Compute Cloud（Amazon EC2）は、安全でサイズ変更可能なコンピューティング性能をクラウド内で提供するウェブサービスです。ウェブスケールのクラウドコンピューティングを開発者が簡単に利用できるよう設計されています。EC2 では、サーバーのことをインスタンスと呼びます。Windows や Linux などを従量課金で利用することができます。Windows や有償 Linux ディストリビューションであれば 1 時間単位、無償 Linux ディストリビューションであれば 1 秒単位で課金されます。

Amazon Elastic Block Store (Amazon EBS)

　Amazon Elastic Block Store（Amazon EBS）は、前述の EC2 と組み合わせて使用するストレージです。1 つの EC2 に複数の EBS を取り付けることができ、容量は 1GB 単位でいつでも拡張可能です。EBS は常に別のハードウェア上で稼働するストレージにデータがコピーされており、ハードウェアの障害時にはそのコピーを取り替えることでシステムを継続させる、という仕組みを提供しています。

Column　EC2とEBSが分離している理由

　システム要件は、「ストレージはそれほど容量を必要としないが、CPU やメモリが大量に必要となるもの」であったり、その逆に「CPU やメモリはそれほど必要としないが、ストレージが大量に必要となるもの」であったりとさまざまです。そのため、これらを分離した状態にしておき、要件に応じて選択できるようにしておけば、コスト効率がよくなります（図 2-2）。

　もう 1 つの理由は耐障害性です。たとえば「EC2 ホストの CPU に障害が発生し、サーバーが起動しなくなってしまった」ケースを想像し

てみると、「ストレージは別ハードウェア上で生存している」ことにより、「別のCPUやメモリを搭載したEC2を起動し、さっきまで使用していたEBSを取り付ける」といったことができるようになります。

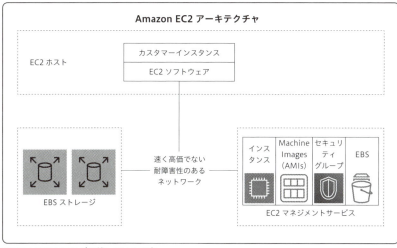

図2-2：EC2とEBSが分離している理由

Amazon Simple Storage Service（Amazon S3）

　Amazon Simple Storage Service（Amazon S3）は、クラウドならではのストレージです。静的コンテンツの保存に特化しており、保存されたデータは同じリージョンの3か所以上のアベイラビリティーゾーン（AZ：データセンター群）にコピーされて保存されます。このためS3は、99.999999999％という非常に高いデータ耐久性を提供します。耐久性とはIT用語で、「障害やエラー、脅威からデータを保護することが可能であること」を示す表現です。

　S3は、EBSに比べてコスト効率がとても高いため、たとえばログファイルなど長期保存が必要となるデータは、定期的にEBSからS3へ移動させることで、よりコスト効率がよく、かつ堅牢性の高いシステムを実現させることができます。

| Column | クラウドにまつわる誤解　データの保存場所 |

　前述のとおり S3 は、そのデータを、1 つの AWS リージョン内で少なくとも 3 つの AZ にまたがった複数のデバイスに自動的に保存します。Amazon S3 1 ゾーン - 低頻度アクセスストレージクラスに保存されたオブジェクトは、カスタマーの選択した AWS リージョン内の 1 つの AZ 内で冗長性を持って保存されます。そして、ここから次のような誤解が生まれるケースがあります。

● AWS に保存しているデータは知らない間に海外のデータセンターにコピーされている。

　第 1 章で、リージョンと AZ の関係性についてまとめましたが、日本における東京リージョンだけでも複数のデータセンターから構成される 4 つの AZ が稼働しています。そして東京リージョンの S3 に保存されたデータは日本国内の複数の AZ に保存されることになります。AWS を利用するカスタマーが保存するデータの所有権と統制権は必ずカスタマーに帰属しています。カスタマーが意図的に操作しない限り、海外の別リージョンの S3 にデータがコピーされるということはありません。

Amazon Relational Database Service (Amazon RDS)

　Amazon Relational Database Service（Amazon RDS）は、データベースのマネージドサービスです。AWSを利用する場合は、データベース構築において2つの選択肢があります（図2-3）。

　1つはEC2でインスタンスを起動し、データベースソフトウェアをインストールするパターン（図2-3の左側）です。もう1つが、このRDSを利用し、データベースそのものをサービスとして利用するパターン（図2-3の右側）です。

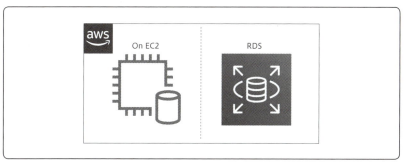

図2-3：データベース構築の2つの選択肢

　AWSが提供しているサービスの多くは、このマネージドサービスという形態をとっており、アプリケーションの機能をサービスとして提供します。カスタマーは、その機能を実現しているソフトウェアなどのメンテナンスに時間を使うことなく、本来行うべきアプリケーション開発に集中して作業を進めることができます。その違いをまとめたのが、次ページの図2-4です。

図2-4：マネージドサービスの利点

　AWSを活用し、EC2インスタンスを起動しそこに必要なソフトウェアをインストールした場合は、データセンター、ネットワーク、サーバーハードウェアなどの管理やセキュリティ作業からは解放されますが、管理者の作業はまだまだ残っています。リージョン、AZといったデータセンターをまたがったシステムの構築などは、設計を行い構築する必要があります。

　一方、RDSを利用した場合、必要なソフトウェアのインストール、定期的なパッチ適用、バックアップ取得などが自動化されます。そしてAZをまたいだ冗長構成なども数クリックで設定されます。これによりカスタマーは開発作業に集中することができます。

| Column | AWSのマネージドサービス |

　AWSでは、カスタマーがすぐ開発に入れるよう多くのマネージドサービスを提供しています。その一部を紹介します。

● Elastic Load Balancing（ELB）

　たとえばウェブサーバーが複数台で構成されたときに、ユーザーをその複数台のサーバーに振り分ける機能を提供します。

● Amazon Cognito

　会員向けウェブサイトに ID/ パスワード認証を実装する必要があるとき、その機能をサービスとして提供します。ユーザーのパスワードを格納するデータベースの構築やその暗号化作業などが不要となります。

● Amazon Simple Notification Service（Amazon SNS）

　モバイルアプリへの Push 通知や、ユーザーへのメール送信などの機能を提供します。

● Amazon QuickSight

　ビジネスインテリジェンスを実現させるサービスです。カスタマーのデータを可視化し、分析を実行し、その結果をダッシュボードで関係者に共有する機能を提供します。

　このようなサービスをうまく組み合わせることで、開発者は、すでに存在しているパーツを再開発する労力が軽減され、より開発スピードを向上させることができます。

　マネージドサービスの利用においては、マネージドサービスはその機能がサービスとして提供されるため、機能を実現しているソフトウェアそのものや、ソフトウェアが動作する OS 領域などにカスタマーがアクセスすることはできません。

2-1 ＩＴの機能とAWSのサービス

2-2 AWSの利用例

ここでは、前述のサービスを組み合わせたAWSの利用例を紹介します。

一般的なウェブサイトを構築する

図2-5はウェブサイトなどの一般的な構成例です。ウェブサーバーがEC2上に構築され、AZをまたがって2台存在しており、データベースがRDSとして2台存在しています。

さらにロードバランサーが存在しており、ユーザーからのアクセスを2台のウェブサーバーに振り分けています。

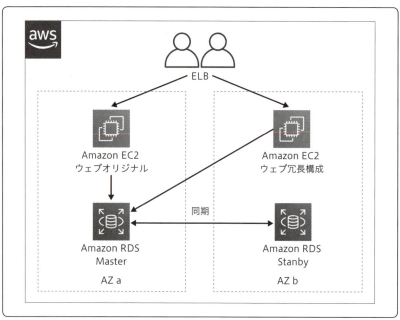

図2-5：一般的なウェブサイトの構成例

クラウドを使わない従来型のアーキテクチャに比べて、AWSのこの構成が何を実現できているか、についてみていきましょう。

まず、システム全体が複数のAZにまたがって構築されているため、局地的な災害、データセンター単位での障害などでもシステムを継続させることができます。そして、マネージドサービスであるELBは、AWSの場合1つの機能として提供されますので、従来あったようなロードバランサーそのものに対する障害設計などは必要ありません。AWSのマネージドサービスはあらかじめ耐障害性などが設計として組み込まれているためです。

そしてデータベースにRDSを用いることで、パッチ適用、バックアップなどが自動化され運用効率が向上します。

オンプレミスにおいて、このようなシステムを構築する場合、見積もりの取得を行い、発注を行った後一定の期間を経て、必要な機材が納品されます。その後それを取り付け、必要なOSやミドルウェアをインストールし、最新パッチを適用したりネットワーク設定を行うなど多くの作業が発生し、時間がかかってしまいます。ときにはその間にビジネス全体の方針変更が発生する場合もあります。AWSであれば必要なITリソースの確保は数分で完了し、いつでも最新のOSやミドルウェアを手に入れることができます。

一時的なユーザー増に対応する

次は、一般的なウェブサイト構成例に加え、たとえばキャンペーンと連動したり、テレビ放映と連動したりすることで一時的にサイトを訪れるユーザーが増える例を見てみます。

たとえば、とあるベンチャー企業がテレビ番組に取り上げられる場合、放映が開始した直後からサイトを訪れるユーザー数は増大します。そして、ある程度の時間が経過した時点で、ユーザーの数はいつもの状態に戻ります。

このようなケースで、あらかじめユーザー数が増える日時が判明していたとしてもその投資が難しいことがあります。ユーザー数の増大は一時的なものであり、ピークに合わせたIT投資は、ユーザー数がもとに戻ったときに空いたITリソースとなり、そのコストは事業全体の収益を圧迫するためです（図2-6）。

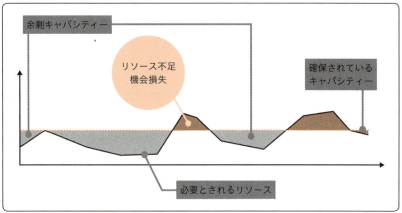

図2-6：剰余キャパシティーとリソース不足

　クラウドでは、数分でサーバーを短期的に増やすことが可能です。無償のLinuxディストリビューションであれば、増減したリソースの課金も1秒単位で計算されます（図2-7）。そしてさらにAWSではそのサーバーリソース増強を自動化する機能を提供しています。それがAuto Scalingです（図2-8）。

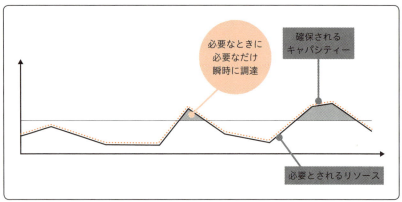

図2-7：必要なときに必要なだけ調達

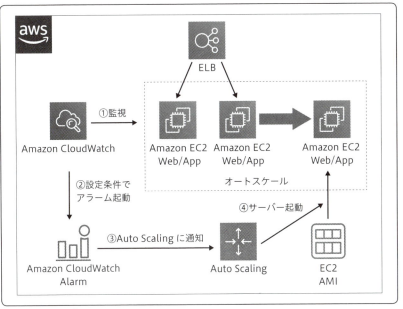

図2-8：Auto Scaling

　Amazon CloudWatchというサービスは、起動中のEC2インスタンスの稼働状況を定期的に監視する機能を提供します。たとえば、CPUの利用率などに対して管理者が定めた閾値を超えた場合、管理者へ通知を出してくれます。もしくは、監視対象のインスタンスが突然障害で存在しなくなった場合、自動でインスタンスを再度起動してくれます。

　そして、突然のユーザー数の増加により、起動中のインスタンスのCPU利用率があらかじめ定めている閾値を超えたピークを迎えている場合（たとえば80%など）、ロードバランサーの下にインスタンスを新たに追加する、という機能を提供してくれます。これがAuto Scalingです。

　そしてピークが終わり、起動中のEC2インスタンスのCPU利用率があらかじめ定めている下限値を下回った場合（たとえば40%など）、初期状態まで自動でEC2インスタンスの数を減らすことができます。

　従来型のITと比べると、このアーキテクチャには、2つのメリットが存在しています。1つは前述のとおり、負荷状況に応じて自動的に

サーバーを増減させてくれることでコストの最適化を実現し、ビジネスの機会損失を防ぎます。

そしてもう1つは、常に起動しているEC2インスタンス台数を一定に保つ機能を提供します。障害などにより一時的にEC2インスタンスが設定している台数を下回った場合に、EC2インスタンス台数を自動で定めた値まで復旧してくれます。

たとえば、あるAZに障害が発生してインスタンスが使えなくなった場合、Auto Scalingは自動的に、別のAZに、代わりのインスタンスを立ち上げます。これにより、システム全体として、指定された台数のインスタンスを維持することができます。

バックアップとして利用する

次に紹介するのは、少し変わった利用方法に思えるかもしれませんが、AWSの利用形態としては一般的です。システムはそのまま従来の場所に置いておきながら、そのバックアップのみAWSを利用する構成です。

世の中に存在しているバックアップツールは、そのバックアップ先としてそのままS3を使えるようになっているものが数多くあります。そのツールからバックアップデータの保存先をAWSにしたものが、次ページの図2-9の例です。

この例では、オンプレミス環境にある社内ネットワークでデータベースが稼働しています。障害に備えてデータのバックアップを定期的に取得しておく必要がありますが、その保存先としてクラウドを使っています。

S3は、99.999999999%という高いデータ耐久性を持ち、現在（2019年8月末）の価格において、1GBあたり約2.5円／月でデータを保存できるという低価格なストレージサービスです。バックアップデータをS3に保存しておくことで、従来のバックアップにかかるコストを削減し、またテープの入れ替え作業などからも解放されることになります。

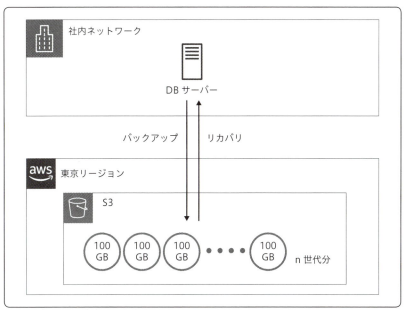

図2-9：バックアップデータの保存先をS3にする

Column　AWSの料金と決済通貨

　AWSの料金表はすべて米ドルで表記されており、基本決済通貨は米ドルとなります。ただし、VISAカード、Masterカードの場合、決済通貨を円に変更することが可能です。

　AWSのサポートへ連絡することなく、利用者が管理者画面上で切り替えることができるようになっています。

Windowsファイルサーバーを移設する

社内で利用しているWindowsファイルサーバーをクラウドに移設することで、システムの安定性を向上させ、かつデータ消失の危険性を低下させることも実現できます（図2-10）。

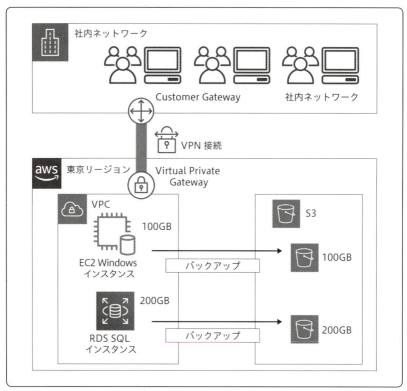

図2-10：Windowsファイルサーバーをクラウドに移設

　Amazon VPCのプライベートサブネット機能を活用して、インターネット側からはアクセス不能なネットワークを構築します。そこにWindowsサーバーや社内システム用データベースを構築します。この際、オフィスからは、あらかじめ設定済みのVPN経由でのみアクセスが可能な設定をしておくことで、高いセキュリティを維持したままクラウドを利用することができます。

データのバックアップはS3へ定期保存されるため、データ消失の危険性を可能な限り下げることができます。

静的ウェブサーバーをホスティングする

S3は、コンテンツをウェブサーバーとして公開する機能を持っています（図2-11）。

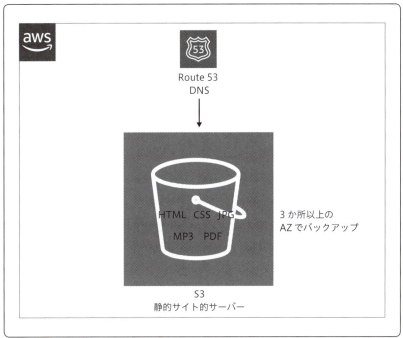

図2-11：静的ウェブサーバーのホスティング

EC2を使って、ウェブサーバーを持つことなくストレージのみでウェブサーバーを構築できます。S3が提供する機能は、ストレージに保存されているコンテンツを配信するだけで、内部でプログラムを動作させることはできません。このため、HTMLの中にクライアントサイドで動作するJavaScriptなどを埋め込むことで動的な動作の仕組みを作る必要はありますが、非常に低コストでウェブサイトを実現できます。ま

た、Route 53 という DNS のマネージドサービスに登録することで、カスタマー専用のドメイン名を使うこともできます。たとえば、ユーザーがそのウェブサイトへアクセスするときの URL 表記はデフォルトで「https://s3-ap-northeast-1.amazonaws.com/ カスタマー固有の S3 に作成したバケット（フォルダに相当）の文字列」/ となりますが、これを「https://www. カスタマー指定ドメイン名 .co.jp/」などのように変更することができます。

動画配信やライブ配信を行う

ファイルサイズが大きく、ネットワーク帯域も大きなものが要求される動画配信やライブ配信も、クラウドがよく用いられる構成です。図2-12 はその一例です。

AWS では、サーバーやストレージだけではなく、利用するネットワーク帯域も従量課金になります。

実際の動画配信のシステムを想像してみると、1 日の間に動画を視聴するユーザー数は常に変動しピークとオフピークが存在します。たとえば、真夜中などは動画を視聴するユーザーは少ないかもしれません。その際、ピークに合わせて確保されたネットワーク帯域は、ほぼ使われないことになり無駄なコストにつながります。このため、AWS ではネットワーク帯域も従量課金となります。

通常の動画配信と異なり、ライブ配信はある一定期間のみシステムが利用され、その期間中は非常に大きな IT リソースが要求される、という特性を持ちます。限定された期間のみ利用するシステムに対する大型の初期投資は難しく、初期投資不要であり従量課金の AWS との相性は非常によいといえます。

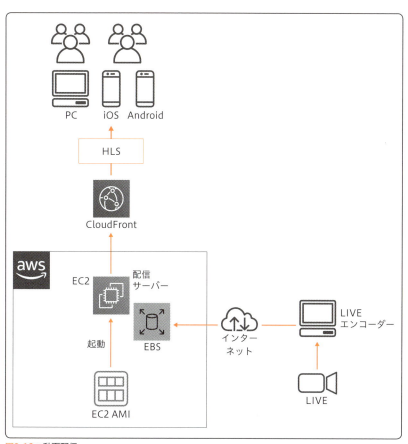
図2-12：動画配信

2-3 Well-Architected フレームワーク

　AWS は「サービスの数が多く、またそのオプション機能も多いため、学びづらくて大変だ」「システムの構築が完了したとしても正しい状態になっているか不安だ」と思っている人がいるかもしれません。それに対する1つの答えとして本書がありますが、もう1つ皆さんにお伝えしたいのが「Well-Architected フレームワーク」です。

　この Well-Architected フレームワークは、AWS 上にシステムを構築する際の設計指針を表すものです。皆さんが構築するシステムを、以下の5つの観点に基づいて、カスタマーとパートナーがアーキテクチャを評価し、時間とともにスケールする設計を実装するための一貫したアプローチが提供されます。

- **運用上の優秀性**
- **セキュリティ**
- **信頼性**
- **パフォーマンス効率**
- **コスト最適化**

　Well-Architected フレームワークでウェブ検索するとそのホワイトペーパーをダウンロードできます。

- https://aws.amazon.com/architecture/well-architected/

　それぞれの内容を見ていきましょう。

運用上の優秀性

　システムのモニタリング、および継続的にプロセスと手順を改善することに焦点を当てた項目です。主要なトピックには、変更の管理や自動化、イベントへの対応、日常業務をうまく管理するための標準の定義が含まれています

　たとえば、定期的に発生する、データの確認やバックアップなどの運用は、プログラムによって自動化され、作業を行う人によってその結果にばらつきが生じないかなどを確認します。そして、意図的に事前に障害を発生させ、その復旧手順の確認テストなども行われます。

セキュリティ

　VPC の説明でも触れたように、AWS で構築するネットワークは、インターネット経由でだれでもアクセス可能なものや、VPN 経由で皆さんのオフィスからのみアクセス可能なものなどさまざまな環境を構築できます。VPN の中で起動される EC2 インスタンスなども同様に多くの設定可能なセキュリティオプションを持っています。そして、それらのセキュリティが正しく設定されているかを確認するのがこの項目です。

　たとえば、管理者画面や EC2 インスタンスへのログインなど、それぞれのシステムにログイン可能な人の権限が正しく運用されているか、システムの変更に対する監査機能が正しくオンになっているか、AWSのマネージドサービスとして提供されているセキュリティ関連サービス（データ暗号化や不正な通信の遮断など）は正しく設定されているかなどをチェックします。

Column	管理者による作業のログ

　AWS には CloudTrail という、マネージドサービスがあります。これは、管理者が管理者画面上や API 経由で行った AWS に対するすべての操作をログとして出力する機能です。そのログは暗号化され改ざん防止が施された状態で S3 に保存されます。従来型の IT でこの仕組みを実現する場合、サーバーの設置や設定などはユーザーが人手で実施するため、記録を電子的に取得するのが困難です。AWS では、このような機能をうまく組み合わせることで、より効率よく、従来の IT と同等以上もしくはより高いセキュリティを実装することができます。

信頼性

　この項目では、障害からの復旧、必要に応じたコンピューティングリソースの動的な取得、設定ミスや一時的なネットワーク問題などの障害の軽減などがカバーされます。

　AWS では、従来型の IT と異なり、一度構築したシステムのコピーを非常に簡単に作れるという特徴があります。実質無限の IT リソースが存在し、従量課金であるため、そのコストは小さく抑えることができます。これにより、耐障害試験なども本番環境とまったく同じ構成の別環境で行うことができます。そして、システム障害の発生過程をテストし、復旧手順を検証することができ、さらに障害発生から復旧までの作業を自動化する挑戦を可能とします。そして、Auto Scaling の項で触れたように、急な負荷の際に、自動でコンピュートリソースを増やすことを実現するなどの設定が正しく行われているか、システムの継続性を確認します。

パフォーマンス効率

クラウドの各サービスを効率的に使用してシステム要件を満たし、需要の変化や技術の進歩に合わせてこの効率を維持できているかを確認する項目です。

AWSでは、多くの新しい技術を取り込んだ機能が、マネージドサービスとして提供されています。従来では複雑な作業や専門知識を伴うため採用が難しかった機能を、単純にサービスとして使用することができます。たとえば、NoSQLデータベース、メディア変換、機械学習はどれも専門知識を必要とする技術ですが、この専門知識は広く行きわたっているわけではありません。クラウドでは、これらの技術はマネージドサービスとして提供され、リソースの管理よりも製品開発に注力することができ、システム全体の開発効率、つまりパフォーマンス効率が向上します。

AWSを利用するカスタマーごとにシステム要件はさまざまです。AWSでは、サーバーが必要とされるときにカスタマーが選択可能なEC2インスタンスタイプを175用意しています（2019年8月末現在）。要望に応じて、CPUのコア数やメモリの最大値、GPU、Intelチップセット、ストレージ性能などを組み合わせたインスタンスを利用することができます。従来型のITであれば、これだけ多くのサーバーを実際に入手し試すことは大変な労力を伴う作業となります。AWSでは、必要なときに必要なだけEC2インスタンスを起動できますので、パフォーマンス試験などに割り当てる時間をより効率的に活用することができます。

コスト最適化

システムを実行してビジネス価値を実現しているIT基盤が、安価に構築されているかを確認する項目です。

たとえば、土日が休日の会社における、社内のシステムを想像してみてください。AWSであれば、非常時以外の土日はEC2インスタンス

を停止しておくことで月額のトータルコストを圧縮することができます。

　次は、レポート生成プロセスについて考えてみましょう。小規模なサーバーで実行すると5時間かかるプロセスであっても、時間あたりの料金が2倍の大規模なサーバーでは1時間で済む場合があります。この場合、AWSでは後者の方がトータルの費用が安くなるケースがあります。

　先ほどの「信頼性」の項目で、AWSでは構築したシステムのコピーを作ることは非常に簡単であると述べました。その際、たとえばEC2インスタンスであればそのCPUやメモリを増減させることもできるようになります。従来型のITであれば、投資されるサーバーは減価償却期間（一般的には5年ないしは6年）利用されることが一般的であるため、発注時に発注人の予測に基づき数年間の利用に耐えうる多めのリソースを確保します。AWSであれば、常にその時点で必要な分のみのITリソースを確保することが可能となり、より効率的な基盤構築が可能です。

第 **3** 章

AWS導入の
メリット

その **1**

―ネットワーク&コンピューティングを活用する―

本章では、
主要なコンピューティングサービスとして、
Amazon EC2とAWS Lambda
について説明します。
また、EC2が稼働する仮想ネットワークである
VPCについても説明します。
仮想サーバーの特徴やメリットを中心に、
AWSのコンピューティングサービスの
概要および特徴について解説します。
また、仮想サーバーへのネットワーク接続に
ついての考え方を紹介します。

3-1 AWSのコンピューティングサービスの概要

Amazon Web Services（AWS）クラウドでは、さまざまなコンピューティングサービスを利用することができます。コンピューティングサービスを使用すると、さまざまなシステム、アプリケーション、プログラムを実行することができます（表3-1）。

名称	概要
Amazon Elastic Compute Cloud（Amazon EC2）	規模の変更が可能なコンピューティング性能を利用できるウェブサービスです。わずか数分間で新規サーバーインスタンスを取得して起動でき、要件の変化に合わせて、すばやく容量をスケールアップおよびスケールダウンできます。ロードバランサー機能を提供するElastic Load Balancer（ELB）や、オートスケーリング機能を提供するAmazon EC2 Auto Scalingと組み合わせて使用することができます。
AWS Elastic Beanstalk	Java、.NET、PHP、Node.js、Python、Ruby、Go および Docker を使用して開発されたウェブアプリケーションやサービスを、Apache、Nginx、Passenger、IISなど使い慣れたサーバーでデプロイおよびスケーリングするためのサービスです。コードをアップロードするだけで、Elastic Beanstalkが、キャパシティーのプロビジョニング、ロードバランシング、Auto Scalingからアプリケーションのヘルスモニタリングまで、デプロイを自動的に処理します。
AWS Lambda	サーバーのプロビジョニングや管理をすることなく、コードを実行できます。課金は実際に使用したコンピューティング時間に対してのみ発生し、コードが実行されていないときには料金も発生しません。実質どのようなタイプのアプリケーションやバックエンドサービスでも管理を必要とせずに実行できます。コードさえアップロードすれば、高可用性を実現しながらコードを実行およびスケーリングするために必要なことは、すべてLambda により行われます。
Amazon Elastic Container Service（Amazon ECS）	Dockerコンテナをサポートする、拡張性とパフォーマンスに優れたコンテナオーケストレーションサービスです。コンテナ化されたアプリケーションをAWSで簡単に実行およびスケールできます。簡単なAPIコールを使用して、Docker対応アプリケーションの起動と終了、アプリケーションの完了状態のクエリなどを行うことができます。
Amazon Elastic Container Service for Kubernetes（Amazon EKS）	AWSでのKubernetesの実行を容易にするマネージドサービスです。Kubernetesは、コンテナアプリケーションを大規模にデプロイおよび管理できるオープンソースソフトウェアです。Kubernetesコントロールプレーンが複数のAWSアベイラビリティーゾーンをまたいでプロビジョン、スケールされ、高可用性と耐障害性が提供されます。

表3-1：AWSの主なコンピューティングサービス

AWS の魅力の 1 つは、利用することができるサービスの幅の広さです。たくさんのサービスの中から、それぞれのユースケースに最も適したサービスを選択したり、必要なものを組み合わせたりして使用することができます。

主なコンピューティングサービス

ここでは、主要なコンピューティングサービスについて、簡単に紹介します。

たとえば、Linux サーバーや Windows サーバーでウェブサイトを運用したい場合は、仮想サーバーの Amazon Elastic Compute Cloud（**Amazon EC2**）を使用することができます。また、より低料金で手軽に扱える仮想プライベートサーバーの **Amazon Lightsail** を選ぶこともできます。

最近の開発・運用環境では、Docker を活用する事例も増えてきました。Docker では、「コンテナ」を使用して、開発環境・本番環境といった複数の環境で同じように動作するアプリケーションを開発することができます。コンテナによる仮想化は、従来型の仮想化に比べ、軽量ですばやく起動できるのも大きな特徴です。AWS クラウド上で Docker コンテナベースのシステムを運用したい場合は、**Amazon Elastic Container Service（ECS）** を使用することができます。また、ECS で **AWS Fargate** を使用することで、コンテナを実行するためのインスタンス（サーバー）の管理が不要となります。Docker コンテナのイメージの格納には **Amazon EC2 Container Registry（ECR）** を使用することができます。

サーバーレスで（サーバーを管理することなく）Python スクリプトや Ruby スクリプトを実行したい、という場合は、**AWS Lambda** を使用すると便利です。Lambda では、たとえば S3 バケットにファイルがアップロードされた、といったイベントをトリガーとして、スクリプトを実行し、ファイルの処理を自動化する、といったことも可能です。

3-2 Amazon EC2

　ウェブサーバー、アプリケーションサーバーなど、さまざまなサーバーを稼働する必要がある場合に利用できるのが、Amazon EC2 です。

　EC2 は、サイズ変更可能なコンピューティング性能をクラウド内で提供するウェブサービスです。**サイズ変更可能**とは、実際の需要に合わせて、サーバーの台数や性能を柔軟に変更することができるという意味です。

　EC2 で起動することができる仮想サーバーのことを**インスタンス**と呼びます。EC2 を使用すると、わずか数分で、サーバーのインスタンスを起動することができます。インスタンスでは、Linux や Windows などの OS を稼働させることができ、その上で任意のサーバーソフトやアプリケーションを実行することができます。

従来のサーバー運用との比較

　従来のサーバー運用では、運用中にキャパシティー（性能）が不足する事態が生じないようにするため、事前に十分なリソースを用意するのが一般的でした。これには時間がかかり、また予測が外れるとリソースの過不足が発生してしまいます。一方、AWS クラウドを使用することで、コンピューティング要件の変化に合わせて、すばやく性能をスケールアップおよびスケールダウンできます。長い時間をかけて事前に詳細なキャパシティープランニングを行う必要がなくなります。

　必要に応じて多数のインスタンスを起動することができます。Amazon EC2 Auto Scaling を使用すると、サーバーの負荷状況などに合わせて、インスタンスを自動的にスケールアウト・スケールインすることも可能です。

さまざまなスケーリング

　インスタンス1つあたりのスペック（CPUコア数やメモリ容量）を上げることを「スケールアップ」、逆にスペックを下げることを「スケールダウン」といいます（図3-1）。

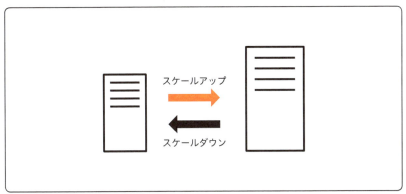

図3-1：スケールアップとスケールダウン

　インスタンス数を増やすことを「スケールアウト」、減らすことを「スケールイン」といいます（図3-2）。

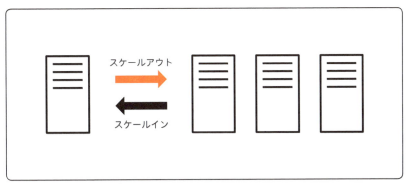

図3-2：スケールアウトとスケールイン

　EC2は、どちらの形のスケーリングにも柔軟に対応することができます。EC2インスタンスを停止して、インスタンスタイプを変更し、インスタンスを開始することで、インスタンスの性能を変更することが

できます（スケールアップ／スケールダウン）。

たとえば、インスタンスの性能が不足しているときはスケールアップを行います。また逆に、インスタンスの性能が余っている場合は、スケールダウンを行います。なお、スケールアップやスケールダウンを行う際は、インスタンスを停止して、インスタンスタイプを変更し、インスタンスを開始します。

同じ役割のサーバーを複数台起動し、ロードバランサーで負荷分散することで、システム全体のスループットを向上させることができます。Auto Scaling を使用すると、システムの負荷状況に合わせて、インスタンス数を自動的に増減させることができます（スケールアウト／スケールイン）。

さまざまなOS、ソフトウェアをすぐに利用可能

EC2 では、さまざまな Linux や Microsoft Windows Server を使用することができます（表 3-2）。

たとえば、Amazon Linux は、AWS によって提供され、サポートと保守が行われる Linux のイメージです。AWS との統合を可能にするパッケージと設定があらかじめ含まれていますので、AWS 上で Linux を運用したい場合におすすめです。

EC2 では、各種の Windows Server も運用することが可能です。オンプレミスで稼働している Windows Server 対応のシステムを AWS に移行することも容易です。

OS名	ディストリビューション／バージョン
Linux	Amazon Linux / Amazon Linux2 / CentOS / Debian / Kali / Red Hat / SUSE / Ubuntu
Windows	Microsoft Windows Server（2003 R2 / 2008 / 2008 R2 / 2012 / 2012 R2 / 2016 / 2019）

表3-2：EC2で使用できる主なOS

064　第3章　AWS導入のメリットその1―ネットワーク＆コンピューティングを活用する

また、**AWS Marketplace** には、データベース、セキュリティ対策、BI（ビジネスインテリジェンス）ツールなど、4,500を超えるソフトウェアが登録されています。ここから、必要なソフトウェアが導入されたイメージを選択して起動することができます。

たとえば、SAP HANA や、Microsoft SharePoint Server などを、AWS Marketplace 上から起動して、すばやくセットアップし、従量課金で使用することができます。

Column　Amazon Machine Image（AMI）

EC2 では、OS をゼロからセットアップする必要がありません。さまざまな OS が、セットアップ済みの状態で、Amazon Machine Image（AMI）という形で提供されています。

AMI は、サーバーの雛形（テンプレート）です。EC2 インスタンスを起動する際は、必要な OS に対応する AMI を選択します（図3-3）。

たとえば、EC2 インスタンス上で Amazon Linux 2 を運用したい場合は、インスタンスの起動画面で、リストから Amazon Linux 2 の AMI を選択すればよいのです。

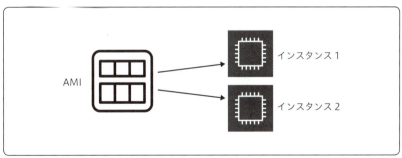

図3-3：AMIからのインスタンス起動

また、EC2 上に必要なアプリケーションなどをセットアップした後で、そこから新しい AMI を作成することもできます（カスタム AMI、図 3-4）。カスタム AMI からインスタンスを起動すると、アプリケー

ションがセットアップされたインスタンスをすばやくスタートさせることができます。

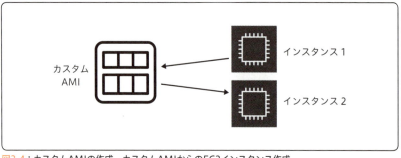

図3-4：カスタムAMIの作成、カスタムAMIからのEC2インスタンス作成

インスタンスファミリー

EC2では、さまざまな特性を持つインスタンスファミリーから、ワークロード（EC2上で実行したい処理）やOSに合ったものを選択することができます（図3-5）。OSが対応できる範囲で、できるだけ新しいものを選択することをおすすめします。

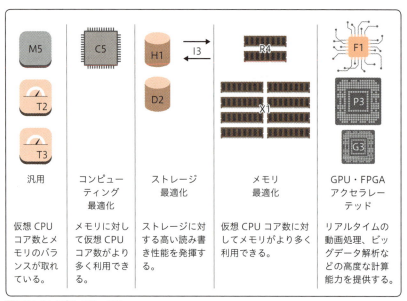

図3-5：インスタンスファミリー

インスタンスファミリーや、その他のハードウェア性能を指定するには、次に説明する「インスタンスタイプ」を指定します。

インスタンスタイプ

1台のEC2インスタンスの性能は主に**インスタンスタイプ**で決まります。多数のインスタンスタイプが提供されており、ワークロードに合わせて適切なものを選択することができます。インスタンスタイプによって、EC2インスタンスが使用するCPUやメモリ、その他の特性が決まります。

インスタンスタイプには「t2.micro」「m5.large」「c3.8xlarge」といったものがあります。図3-6のような文字列で構成されます。

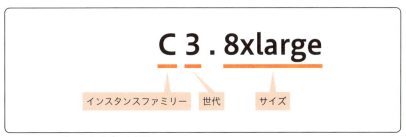

図3-6：インスタンスタイプの文字列

上記の例で「C」の部分が**インスタンスファミリー**です。インスタンスファミリーは、インスタンスの大まかな性質を表します。

世代の数字が大きいほど、新しいプラットフォーム（物理サーバー）を使用していますので、より高い性能が期待できます。できるだけ新しい世代を使うとよいでしょう。

サイズは、図3-7のようにインスタンスタイプの変更で「nano」「micro」「small」「large」「xlarge」などから選ぶことができます。これにより仮想CPUコア数とメモリ量の割り当てが増減します。

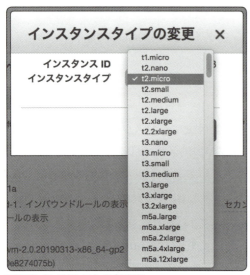

図3-7：インスタンスタイプの変更

インスタンスのモニタリングを行う

　Amazon CloudWatchなどのモニタリングサービスで、CPU使用率などのモニタリング（監視）を行うことができます。システムを稼働させ、実際のリソースの使用率をモニタリングしながら、利用状況に適したインスタンスタイプへ変更していくことができます。

　実際にシステムを稼働させてモニタリングを行うことで、CPUの過不足などの状況を確認することができます。たとえば、CPUパワーが不足している場合は、より強力なCPUを使用できるインスタンスタイプへと変更し、逆にCPUパワーが十分に使い切れていない場合は、より安価なインスタンスタイプへと変更することで、システムを最適化することができます。

管理者権限での利用

　レンタルサーバーなどの場合、利用者は管理者権限を使えない場合があり、OSの設定を変更できないことがあります。一方、EC2では使用

しているインスタンスに対して、ルートアクセス権を含む全面的な制御が可能です。

Linuxインスタンスには SSH、Windowsインスタンスにはリモートデスクトップ（RDP）を使用して接続することができます。そして、OSの設定を変更したり、必要なソフトウェアをインストールしたりすることができます。

高い可用性

EC2そのものは、99.99％以上の可用性で使用することができます。また、複数のEC2インスタンスを、複数のアベイラビリティーゾーン（AZ）に分散配置し、ELB（ロードバランサー）と組み合わせて使用することで、より高い可用性を持ったシステムを構築することが可能です（図3-8）。このように、AWSを利用する場合、複数のリージョンやAZを活用するなどして、可用性の高いシステムを設計することができます。

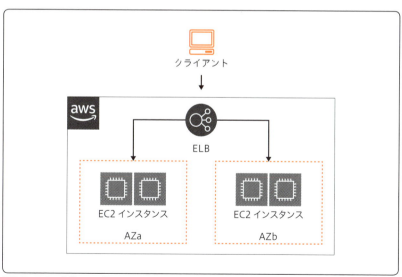

図3-8：ELB、複数AZの利用

EC2のセキュリティ対策

　一般に、サーバーを運用する場合、サーバーのセキュリティ対策を実施することが重要です。セキュリティ対策を怠った場合、悪意のある第三者にサーバーを乗っ取られてしまったり、サーバー上で扱っている情報が流出してしまったりする恐れがあります。

　AWSのセキュリティ対策は**責任共有モデル**という考え方に基づきます（詳しくは第6章で解説します）。リージョン、AZなどのインフラストラクチャレベルのセキュリティ対策については、AWSの責任の範囲となります。一方、EC2インスタンス上で稼働するOS、ミドルウェア、アプリケーションなどについてのセキュリティ対策は、カスタマーの責任の範囲となります。

　サーバー上で稼働するソフトウェアにセキュリティパッチを適用する、**最小権限の原則**に基づいてユーザーなどの権限を適切に設定する、といった基本的なセキュリティ対策の重要性は、クラウドでもオンプレミスでも変わりません。

　EC2では、セキュリティ対策として、以下のような機能を活用することができます。

セキュリティグループ

　EC2インスタンスやRDSインスタンスなどで使用することができる仮想ファイアウォール機能です（図3-9）。EC2のインバウンド通信（着信）・アウトバウンド通信（発信）に対する許可のルールを設定することができます。

　たとえば、ある特定のIPアドレスからのみ、SSHの着信を許可する、といった設定を行うことができます。

070　第3章 ｜ AWS導入のメリットその1―ネットワーク&コンピューティングを活用する

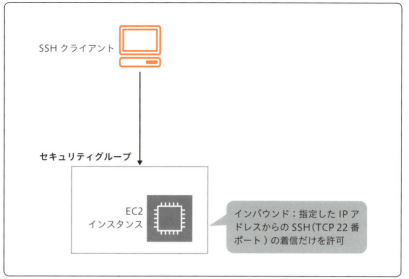

図3-9：セキュリティグループ

キーペア

秘密鍵と公開鍵の組み合わせです。AWS 上でキーペアを生成することができます。公開鍵は AWS が、秘密鍵はカスタマーが管理します。EC2 インスタンスを起動するときに、キーペアを関連付けします。キーペアに対応する秘密鍵を持っているユーザーだけが、EC2 インスタンスにアクセスすることができます。

Amazon Inspector

セキュリティの自動評価サービスです。EC2 インスタンスに **Inspector エージェント**をインストールすると、エージェントが EC2 インスタンスのセキュリティ評価を行い、脆弱性を検出することができます（図 3-10）。評価ルールは AWS のセキュリティチームによって常に最新化されています。また、評価後に、評価結果を記述した**評価レポート**が生成されます。

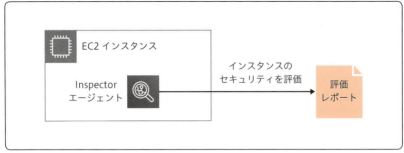

図3-10：Amazon Inspector

AWS Web Application Firewall（AWS WAF）

　ウェブアプリケーションファイアウォールのサービスです。SQLインジェクションやクロスサイトスクリプティングといった、ウェブアプリケーションに対する攻撃から、EC2インスタンスを保護することができます（図3-11）。

　攻撃者は**エクスプロイト**（脆弱性を攻撃するコード）を使用して攻撃を行います。AWS Web Application Firewall（AWS WAF）は、そのような攻撃をブロックすることができます。AWS WAFはAmazon CloudFrontおよびApplication Load Balancer（ALB）と緊密に統合されており、これらを使用したシステムを保護するのに役立ちます。

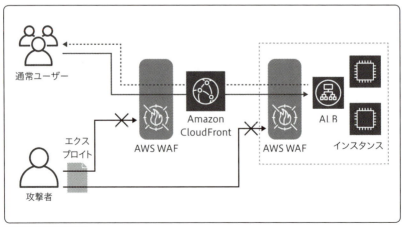

図3-11：AWS WAF

| Column | サードパーティ製のセキュリティ製品の利用 |

APN（AWS パートナーネットワーク）パートナーなどは、セキュリ
ティとコンプライアンスを強化するための、さまざまなセキュリティ製
品を提供しています。AWS のセキュリティサービスに加えて、これら
サードパーティ製の製品を組み合わせることで、より高い水準のセキュ
リティを実現することができます。なお、AWS のセキュリティサービ
スやサポートされた APN パートナー製品から発生するセキュリティア
ラートなどは、「AWS Security Hub」を利用して、一元的に集約、整
理、優先順位付けすることができます。

3-3 Amazon VPC

　オンプレミスのネットワークでは、ウェブサーバーを、インターネットからアクセスすることができるセグメントに配置し、データベースサーバーはインターネットからアクセスできないセグメントに配置するということが行われます。このような構成をAWSで実現するのが、Amazon Virtual Private Cloud（Amazon VPC）という仕組みです。

　また、あるシステム向けに「開発用」「テスト用」「本番用」のネットワークを作り、それぞれのネットワーク通信を完全に分離したい場合があります（たとえば、開発用サーバーが本番用サーバーに通信することを防止したいときなど）。このような場合に使用することができるのが、VPCという仕組みです。

複数のVPC

　VPCは、AWS環境の中に作り出すことができる仮想ネットワークです。指定したリージョンに、複数のVPCを作成することができます（図3-12）。

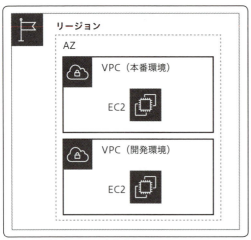

図3-12：環境ごとにVPCを作成する

たとえば、図3-12のように「本番環境」と「開発環境」の2つの独立したVPCを作成することができます。

VCP間を接続する

それぞれのVPCは、論理的に隔離されています。デフォルトでは、VPC同士が通信することができません。ただし、明示的に「VPCピア接続」（VPCピアリング）を設定することで、2つのVPCを接続して通信を行うことも可能です（図3-13）。

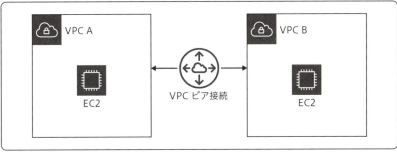

図3-13：VPCピア接続

VPCピアリング接続は、自分のVPC間、別のAWSアカウントのVPCとの間、または別のAWSリージョンのVPCとの間（リージョン間VPCピアリング接続）で作成できます。

VPCピア接続を使えば、共通サービスを集めたVPCに対して、各プロジェクトや組織の個別VPCからピア接続を行うことで、シンプルかつより柔軟なシステム設計が可能になります。

インターネットと接続する

VPCは、インターネットに接続して使用することができます（図3-14）。また、仮想専用線接続（Virtual Private Network、VPN）や専用線接続（Direct Connect）で既存のネットワークと接続して、既存のネットワークの延長として、VPCを活用することもできます。

VPCとインターネットを接続するには、VPCに**インターネットゲー**

トウェイ（Internet Gateway、IGW）をアタッチします。VPCとオンプレミスネットワークを接続するには、VPCに**仮想プライベートゲートウェイ**（Virtual Private Gateway、VGW）をアタッチします。

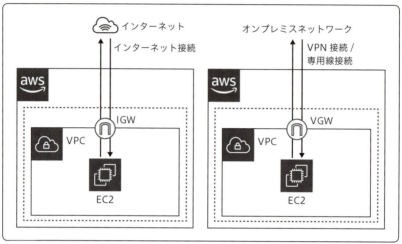

図3-14：インターネットに接続されたVPCと、オンプレミスに接続されたVPC

サブネット

　VPCをインターネットに接続する場合、インターネットからのアクセスを許可する領域と、許可しない領域を作り出したい場合があります。VPCでは、**サブネット**の仕組みを使用して、インターネットからアクセスすることができる領域（パブリックサブネット）と、インターネットからアクセスすることができない領域（プライベートサブネット）を作ることができます（図3-15）。

　たとえば、ウェブサーバーなど、インターネットからのトラフィックを受け付ける必要があるサーバーはパブリックサブネットに配置し、DBサーバーなど、インターネットからのトラフィックを直接受け付ける必要がないサーバーはプライベートサブネットに配置することができます。

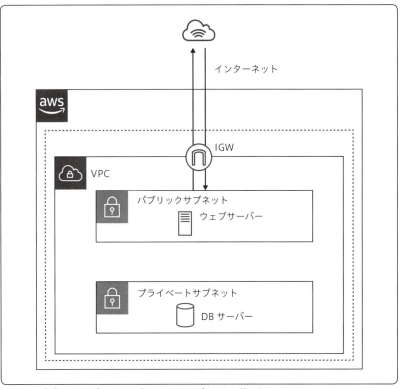

図3-15：パブリックサブネットとプライベートサブネットの使い分け

IPアドレス

　VPCのサブネットの中で、EC2インスタンスを起動することができます（図3-16）。各EC2インスタンスには、プライベートIPアドレスが割り当てられます。

　プライベートIPアドレスは、自動的に割り当てることもできますが、必要であれば、管理者が任意のIPアドレスを指定することも可能です。このプライベートIPアドレスは、EC2インスタンスがVPC内で相互に通信を行うときに使用されます。

　プライベートIPアドレスに加え、オプションで、EC2インスタンスにパブリックIPアドレスを割り当てることができます。インターネットから接続する際は、このパブリックIPアドレスを指定します。

　パブリックIPアドレスは、AWSが保有しているIPアドレスのプー

ル（集まり）の中からランダムに割り当てられます。

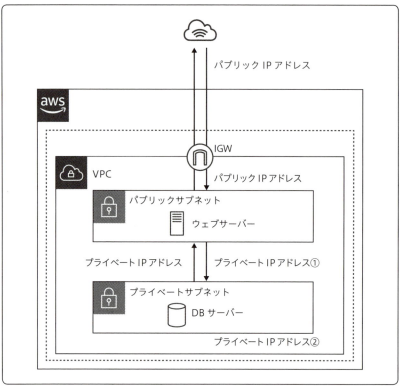

図3-16：パブリックIPアドレスとプライベートIPアドレス

> Column　**Elastic IP**

　インターネットから、VPC内のEC2インスタンスにアクセスするときに、IPアドレスを固定しておきたい場合があります。また、逆に、VPC内のEC2インスタンスからオンプレミスのサーバーなどにアクセスを許可するときに、送信元のIPアドレスを固定しておきたい場合があります。しかし、パブリックIPアドレスは、インスタンスを停止・開始すると、アドレスの値が別のものに変わってしまいます。このような場合は、パブリックIPアドレスの代わりに「Elastic IP」を使用することができます。

Elastic IP は、パブリック IP アドレスと似ていますが、固定のアドレスです。マネジメントコントロールや、AWS Command Line Interface（CLI）を使用して、簡単に Elastic IP を取得することができます。一度 Elastic IP を取得すると、明示的に開放するまでは、その固定のアドレスを使用することができます。取得した Elastic IP は、EC2 インスタンスに「**アタッチ**」することができます。

VPCのセキュリティ

たとえば、VPC でウェブサーバーを運用する場合、そのサーバーへの HTTP（TCP の 80 番ポート）または HTTPS（TCP の 443 番ポート）の着信だけを許可し、その他のトラフィックの着信をすべて遮断したい、という場合があります。

このような場合、**セキュリティグループ**を利用して、そのような設定を適用することができます。セキュリティグループは、EC2 インスタンスなどに設定することができる仮想ファイアウォール機能です（図3-17）。

また、サブネットのレベルでも、**ネットワーク ACL**（アクセスコントロールリスト）を用いて、トラフィックをコントロールすることができます。

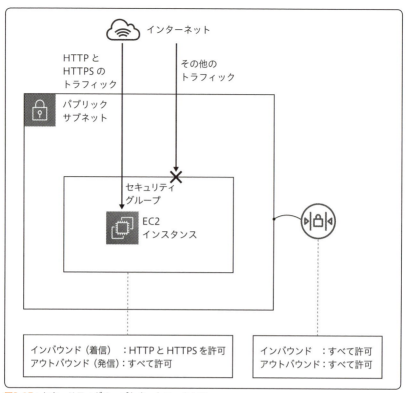

図3-17：セキュリティグループとネットワークACL

NAT（ネットワークアドレス変換）

　プライベートサブネットに起動したEC2インスタンスが、セキュリティパッチの適用などのため、インターネットにアクセスする必要がある場合があります。プライベートサブネットのEC2インスタンスには、通常、パブリックIPアドレスを割り当てないため、そのままではインターネットにアクセスすることができません。

　このような場合、パブリックサブネットに**NATデバイス**を起動します。すると、プライベートサブネットのEC2インスタンスは、NATデバイスのネットワークアドレス変換機能を利用して、インターネットにアクセスすることができるようになります（図3-18）。

　NATデバイスの具体例としては、**NATインスタンス**または**NATゲー**

トウェイがあります。

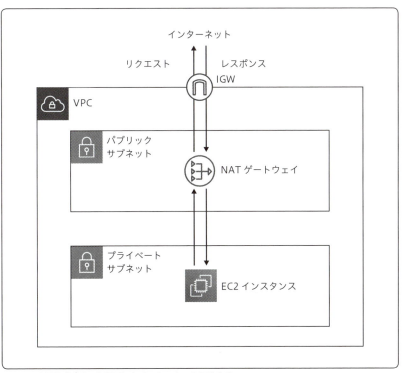

図3-18：NATデバイスを利用したインターネットアクセス

VPCエンドポイント

VPC 内の EC2 から、Amazon Simple Storage Service（Amazon S3）、Amazon DynamoDB、Amazon CloudWatch などの AWS サービスにプライベートに接続する機能です（図 3-19）。EC2 がこれらのサービスにアクセスするときに、インターネットゲートウェイ、NAT デバイス（NAT インスタンス、NAT ゲートウェイ）などを使用する必要がなくなります。

VPC エンドポイントは、冗長性と高可用性を備え、水平にスケールされます。ネットワークトラフィックに対する可用性のリスクや帯域幅の制約はありません。

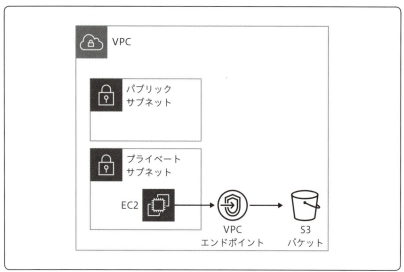

図3-19：S3に対応するVPCエンドポイント

VPN接続とDirect Connect接続

　企業がクラウドを使用する場合、暗号化された安全な通信経路を使用してクラウドに接続したい、というケースがあります。このような場合、VPN（Virtual Private Network、仮想専用線）接続を使用することができます（図3-20）。

　VPN接続を使用すると、企業のネットワークの延長として、VPCを活用することができるようになります。つまり、企業のネットワークとVPCが相互にアクセスできるようになります。

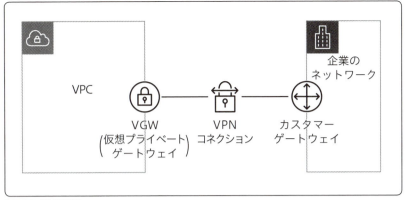

図3-20：VPN接続

　さらに、セキュリティやパフォーマンス上の理由などから、インターネットを介さずに、専用線を使用してクラウドにアクセスしたい、というケースもあります。この場合は、専用線接続サービスであるDirect Connectを使用することができます（図3-21）。

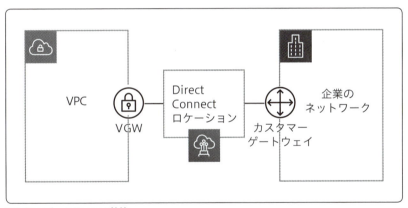

図3-21：Direct Connect接続

　Direct Connect接続を使用して、企業のネットワークから、VPCや、S3などのAWSサービスに専用線接続することができます。

3-4 AWS Lambda

　AWS Lambda は、**サーバーレス**のコンピューティングサービスです。「サーバーレス」とは、ユーザーがサーバーの管理をしなくてよいということです。Lambda ではサーバーの管理をすることなく、Lambda 上にプログラムをデプロイし、実行することができます。

　EC2 では、従来のオンプレミスサーバーとほぼ同様の機能を持った仮想サーバーをセットアップして運用することが可能です。したがって、既存のオンプレミスシステムをそのまま AWS クラウドへ移行したいという場合には EC2 が便利です。

　一方で、定期的にバックアップを行うといったような短い管理用のスクリプトを実行したり、後述する「イベント」に対応した処理を実行したりする場合には、そのために EC2 を準備することなくプログラムを実行できる Lambda が便利です。

イベントに応じた処理を行う

　Lambda を使うと、HTTP リクエスト、S3 へのファイルのアップロード、DynamoDB のテーブルの更新といった**イベント**に応じて、プログラムを実行することができます（図 3-22）。Lambda にデプロイされたプログラムのことを Lambda 関数と呼びます。イベントの発生からミリ秒単位でプログラムを実行します。1 日に数件のリクエストにも、短時間に発生する大量のリクエストにも対応することができます。また、1 時間ごと、1 週間ごと、といった定期的な間隔でプログラムを実行することもできます。Direct Connect 接続を使用して、企業のネットワークから、VPC や、S3 などの AWS サービスに専用線接続することができます。

084　第3章　┃　AWS導入のメリットその1─ネットワーク&コンピューティングを活用する

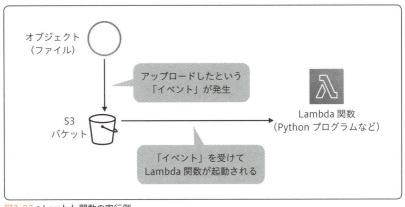

図3-22：Lambda関数の実行例

　Lambdaでは、複数のプログラミング言語の実行がサポートされています。Lambdaは、Node.js 8.10 / 6.10、Python 3.7 / 3.6 / 2.7、Ruby 2.5、Java 8、Go 1.x、.NET Core（C#、PowerShell）2.1 / 2.0 / 1.0に対応しています。**カスタムランタイム**機能を利用することで、PHP、Perl、C++、シェルスクリプトなどを含む任意のプログラミング言語に対応することができます。

サーバーレス

　サーバーレスについて、あらためてみてみましょう。

　一般的に、サーバーでプログラムを実行したい場合、プログラムそのものの開発・運用に加えて、サーバーの運用にも大きな労力が必要となります。具体的には、サーバーのプロビジョニング（事前準備）、モニタリング（監視）、スケーリング（負荷分散など）、バックアップ、セキュリティ対策などです。

　Lambdaを使用すると、開発者は、サーバーの運用ではなく、プログラムの開発に注力することができるようになります。

　Lambdaは、可用性の高い、耐障害性を備えたAWSインフラストラクチャで実行されます。Lambdaはリージョン内のAZ全体でコンピューティング性能を維持し、個別のマシンまたはデータセンター設備

の故障からコードを保護します。サーバーの管理や、OS や言語ランタイムの更新も、Lambda が実施します。メンテナンスの時間帯や定期的なダウンタイムはありません。また、リクエスト受信の回数に合わせて自動的にスケールし、イベントの頻度が上昇しても一貫して高いパフォーマンスを維持できます。

　Lambda のようなサーバーレスのサービスを活用することで、サーバーの設計や管理に煩わされることなく、システムを構成するプログラムの開発に集中することができます。

Lambdaの料金

　週に 1 度といった定期的な間隔で、バックアップや集計処理などのプログラムを実行したい、というケースがあります。あるいは、ファイルがアップロードされたタイミングで、プログラムを実行してそのファイルを処理したい、というケースもよくあります。このような、プログラムの実行頻度が低い場合も、Lambda が威力を発揮します。

　EC2 インスタンスの場合、その中で実際にプログラムが動いているかどうかにかかわらず、起動していた時間に比例した料金が発生します。したがって、上記のような（プログラムの実行がそれほど頻繁には行われない）ケースでは、EC2 インスタンスは大半の時間を待機状態として過ごすことになりますので、コスト効率が悪くなってしまう場合があります。

　一方 Lambda では、コードが実行される 100ms ごと、およびコードが起動された回数に対して課金されます。コードが実行されていないときは、料金がまったく発生しません。また、コード実行あたりの課金額も極めて低く設定されています（図 3-23）。

　なお、Lambda 関数の 1 回あたりの最長実行時間（タイムアウト）は 15 分です。15 分を超える処理を実装したい場合は、複数の Lambda 関数に分割する、EC2 上などに実装したプログラムを Lambda 関数から呼び出す、といった方法で、実行時間の制限を回避することができます。

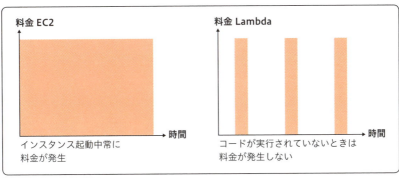

図3-23：Lambdaの料金

イベントソース

　Lambda関数は、さまざまな**イベント**に対応しています。イベントの発生時に、Lambda関数を実行することができます。

　たとえばS3バケットにオブジェクト（ファイル）がアップロードされた、というイベントを受けて、Lambda関数を起動し、オブジェクトの処理（ファイルの内容を読み取って、データベースのテーブルに情報を格納するなど）を自動的に行うことが可能です。

　イベントを発生させる場所のことを**イベントソース**と呼びます（表3-3）。

イベントソース	利用例
S3	S3バケットにオブジェクトがアップロードされたときにLambda関数を実行
DynamoDB	DynamoDBテーブルが更新されたときにLambda関数を実行
SNS	SNSトピックにメッセージが発行されたときにLambda関数を実行
SQS	SQSキューがメッセージを受信したときにLambda関数を実行
CloudWatch Events	CloudWatch Eventsで設定した間隔（毎日、毎週など）でLambda関数を実行
Amazon Alexa	Alexaスキルが呼び出されたときにLambda関数を実行
API Gateway	API GatewayのAPIエンドポイントにHTTP(S)リクエストが到着したときにLambda関数を実行
AWS IoTボタン	IoTボタンを押したときにLambda関数を実行

表3-3：主なイベントソース

Lambda関数の設定

Lambda関数の設定で、プログラムの実行に必要なメモリの量を設定することができます。128MBから3,008MBまで、64MB単位で、メモリを割り当てることができます。

メモリの量に比例したCPU能力が割り当てられます。たとえば、256MBメモリをLambda関数に割り当てる場合、128MBのみを割り当てた場合よりも2倍のCPU能力が割り当てられます。

Column AWSサーバーレスアプリケーションモデル（SAM）

Lambdaを使用するアプリケーションを実際に開発する場合、複数のLambda関数を定義したり、Lambda関数が使用するIAMロールを定義したり、Amazon API Gateway（API Gateway）でURLを付与したり……と、複数のAWSリソースを適切に設定する必要があります。そこで役立つのが**AWSサーバーレスアプリケーションモデル**（AWS SAM）です。

AWS SAMは、AWSでサーバーレスアプリケーションを構築するために使用することができるオープンソースフレームワークです。**SAMテンプレート**に、Lambda関数の仕様を記述します。するとその仕様に従って、複数のLambda関数のパッケージングとデプロイを行うことができます。また、API Gateway、DynamoDBなどのリソースを同時に作成することもできます。

Column Step Functions

AWS Step Functionsは、AWSの複数のサービスをワークフローに整理し、すばやくアプリケーションをビルド・更新するための機能です（図3-24）。Step Functionsを使用すると、LambdaやECSなどの

サービスをつなげて機能豊富なアプリケーションにまとめるワークフローを設計して実行できます。

　たとえば「ある Lambda 関数の実行が完了したら、続いて別の Lambda 関数を起動する」「ある Lambda 関数の実行結果によって、異なる Lambda 関数を起動する」「複数の Lambda 関数の終了を待ち合わせて、それらが完了したら別の Lambda 関数を起動する」といったような複雑な制御を比較的簡単に実装することができます。

　Step Functions では、処理の流れを「ステートマシン」で表現します。たとえば、図 3-24 のようなステートマシンを開始すると、A 処理（Lambda 関数など）が完了したら、続いて B、C 処理を起動します。B、C 処理が両方とも完了したら、D 処理が起動します。

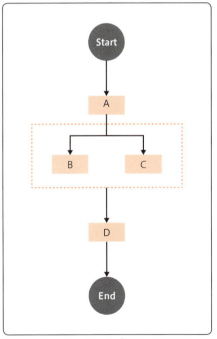

図3-24：Step Functionsの「ステートマシン」

第 **4** 章

AWS導入の
メリット

その **2**

―ストレージを活用する―

本章では、
主要なストレージサービスとして、
Amazon S3、Amazon EBS、Amazon EFS、
Amazon FSx for Windows、
Amazon FSx for Lustre
について説明します。
AWSでストレージサービスを利用するための
各サービスの概要、特徴、使い分け
について解説します。

4-1 AWSのストレージ サービスの概要

　データを保存する記憶域のことをストレージといいます。Amazon Web Services（AWS）ではさまざまなストレージのサービスを利用することができます（表4-1）。

名称	概要
Amazon Simple Storage Service（Amazon S3）	任意の量のデータの保存と取得をインターネット上のどこからでも行えるように設計されたオブジェクトストレージです。極めて耐久性が高く、高可用性で、無制限にスケーラブルなデータストレージインフラストラクチャを非常に低いコストで提供します。
Amazon Elastic Block Store（Amazon EBS）	Amazon EC2 インスタンスと組み合わせて使用できる、永続的なブロックストレージボリュームです。コンポーネントに障害が発生した場合でも高い可用性と耐久性を提供できるよう、ボリュームはアベイラビリティーゾーン内で自動的にレプリケートされます。
Amazon Elastic File System（Amazon EFS）	ファイルストレージの設定とスケールを容易に実行できる、Amazon クラウドのフルマネージドサービスです。Amazon EC2 インスタンスからファイルシステムインターフェイス（標準のオペレーティングシステムファイル I/O API を使用）を介してアクセスできます。
Amazon FSx for Lustre（ラスター）	機械学習、ハイパフォーマンスコンピューティング（HPC）、ビデオ処理、財務モデリング、電子設計オートメーション（EDA）などのワークロードの高速処理用に最適化されたハイパフォーマンスファイルシステムを提供します。
Amazon FSx for Windows	完全マネージド型のネイティブ Microsoft Windows ファイルシステムを提供します。ファイルストレージを必要とする Windows ベースのアプリケーションを AWS へ簡単に移行できます。
Amazon Glacier（グレイシャー）	きわめて低コストのストレージサービスで、データのバックアップやアーカイブのために、安全で耐久性が高く、柔軟な運用が可能なストレージを提供します。

表4-1：AWSの主なストレージサービス

　インターネットからのアクセスが可能な大容量・低コストの**オブジェクトストレージ**である Amazon Simple Storage Service（Amazon S3）、ハードディスクに相当し、Amazon Elastic Compute Cloud

092　第4章 ┃ AWS導入のメリットその2─ストレージを活用する

（Amazon EC2）インスタンスから使用する**ブロックストレージ**である Amazon Elastic Block Store（Amazon EBS）、ファイルサーバーのように、複数のEC2インスタンスから同時に接続することができる**ファイルストレージ**である Amazon Elastic File System（Amazon EFS）や Amazon FSx for Windows などを利用することができます。

Column ストレージの種類

主なストレージの種類についてまとめてみましょう。

● オブジェクトストレージ

オブジェクト単位でデータのアップロード・ダウンロードを行うストレージです。AWS のオブジェクトストレージは S3 です。データの出し入れには HTTPS プロトコルを使用します。さまざまなクライアントを使用してアクセスすることができます。オブジェクトを**公開**することで、インターネットからウェブブラウザ経由でオブジェクトにアクセスすることもできます。

● ブロックストレージ

ブロック、つまり 16KB といった固定サイズのブロック単位でデータの読み書きを行うことができるストレージです。AWS のオブジェクトストレージは EBS です。**EBS ボリューム**を作成し、EC2 インスタンスに**アタッチ**して使用します。1 つの EBS ボリュームを同時に複数のインスタンスにアタッチすることはできません。

● ファイルストレージ

NFS、SMB などのプロトコルを使用して、多数の EC2 インスタンスからファイルを読み書き、共有できるストレージです。EFS や FSx for Windows が該当します。

093

4-2 Amazon S3

　Amazon S3 は、オブジェクトストレージを提供するサービスです。S3 に、**オブジェクト**（ファイル）をアップロードして保存することができます。

　たとえば、ウェブアプリケーションの構成ファイルである HTML、CSS、JavaScript ファイル、画像ファイル、ユーザーがアップロードした任意のファイル、ログファイルなど、どのようなファイルでも保存することができます。

　格納できるオブジェクトの数には制限がありません。1 オブジェクトの最大サイズは 5TB です。

　S3 上に、オブジェクトの入れ物である**バケット**を作ります。バケットを作成すると、そこにオブジェクトをアップロードしたりダウンロードしたりすることができます（図 4-1）。バケットは複数作ることができ、バケットごとに設定（バージョニング、暗号化など）を行うことができます。

　S3 は、マネジメントコンソール、AWS Command Line Interface（CLI）などから利用することができます。Windows や Linux で使用することができる S3 をグラフィカルに操作することができるサードパーティ製ツールもあります。

バケットとオブジェクト

　「バケット」は、オブジェクトの入れ物です。S3 を利用するとき、まずはバケットを作る必要があります。このとき、バケットに名前を付けます。バケットの名前は、世界中で一意のものにしなければなりません。たとえば「documents」といったような名前のバケットは、すでにほかのユーザーが使用中である可能性が高いです。したがって

094　第**4**章　AWS導入のメリットその2―ストレージを活用する

「documents-yamada-01」といったように、自分の名前や連番を追加するなどして、ほかのバケット名と重複しない名前を付けてください。いったんバケットを作ったら、そのバケットは（削除するまで）ずっと使用することができます。

バケットができたら、バケットにファイルをアップロードすることができます。S3 で扱うファイルはオブジェクトと呼ばれます。

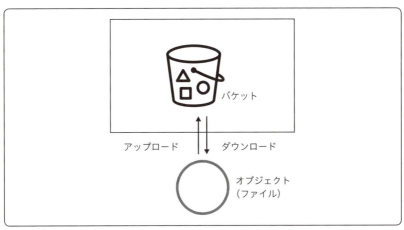

図4-1：バケットとオブジェクト

可用性と耐久性

大事なデータを S3 にアップロードしたら、必要なときにオブジェクトにいつでもアクセスできるのか（可用性はどの程度か）、また S3 側の問題により、オブジェクトが消失したりしないのか（耐久性はどの程度か）という点も気になります。

S3 の可用性は、1 年で 99.99% になるように設計されており、**Amazon S3 サービスレベルアグリーメント（SLA）**[注1]では、99.9% の可用性が保証されています（いずれも **S3 標準**ストレージクラスの場合）。

次に耐久性についてです。オブジェクトは、リージョン内の 3 つ以上のアベイラビリティーゾーン（AZ）にわたる複数のデバイスに自動的にレプリケーション（複製）されて保存しています（**1 ゾーンスト**

注1　AWS のサービスレベルアグリーメントについては以下を参照。
　　　https://aws.amazon.com/jp/legal/service-level-agreements/

095

レージクラスの場合は、1つ以上のAZの複数のデバイスにレプリケーション。図4-2）。この仕組みにより、S3は、99.999999999%（イレブン・ナイン）という極めて高い耐久性を提供します。たとえば、S3に1千万個のオブジェクトを格納したとき、オブジェクトの損失が発生する確率は1万年に1度です。

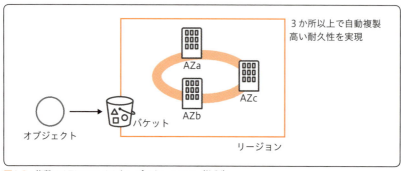

図4-2：複数のAZにファイルをレプリケーション（複製）

Column　クロスリージョンレプリケーション

　オブジェクトはバケットに保存されます。バケットに格納したデータは、バケットが存在するリージョン内に保存されます。リージョンレベルの障害や災害が発生したときも、オブジェクトを保護し、オブジェクトにアクセスしたりできるようにするため、複数のリージョンを組み合わせた運用を設計することができます。S3の場合は、**クロスリージョンレプリケーション**（リージョン間での複製）を活用することができます（図4-3）。

　クロスリージョンレプリケーションは、異なるAWSリージョンにあるバケット間でオブジェクトを自動的に非同期コピーする機能です。新しく作成されたオブジェクト、オブジェクトの更新、オブジェクトの削除が、レプリケート元バケットから他のAWSリージョンのレプリケート先バケットにレプリケートされます。

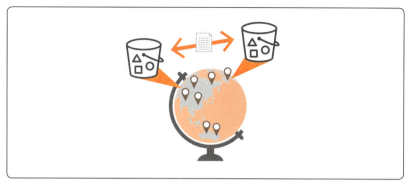
図4-3：クロスリージョンレプリケーション

ストレージクラス

ストレージに保存したオブジェクトによっては、頻繁にアクセスする場合もあれば、稀にしかアクセスしないという場合もあるでしょう。また、アーカイブ（長期保存）目的でS3にオブジェクトを格納した場合は、取り出しにある程度時間がかかってもかまわない、という場合もあるでしょう。

S3では、オブジェクトごとに**ストレージクラス**を設定することができます（表4-2）。

ストレージクラス	対象
S3標準	頻繁にアクセスされるデータ
S3 Intelligent-Tiering（インテリジェントな階層化）	アクセスパターンが変化する、または不明な存続期間が長いデータ
S3 1ゾーン–低頻度アクセス（S3 1ゾーン–IA）	存続期間が長く頻繁にアクセスされない、重要性の低いデータ
S3標準–低頻度アクセス（S3標準–IA）	存続期間が長く、あまり頻繁にアクセスされないデータ
S3 Glacier	取得時間が数分〜数時間までのデータアーカイブ
S3 Glacier Deep Archive	7〜10年間保持され、年に1〜2回しかアクセスされないデータ

表4-2：ストレージクラス

オブジェクトへのアクセスの仕方に応じて、ストレージクラスを適切に設定することにより、S3のコストをより節約することができます。

S3標準は、オブジェクトへのアクセス頻度が高い場合におすすめです。

S3 標準 - 低頻度アクセスは、「S3 標準」よりもストレージのコストが下がります。ただし、取り出しには料金がかかります。

S3 1ゾーン - 低頻度アクセスは「S3 標準 - 低頻度アクセス」よりもさらに低コストです。1つ以上のAZの複数のデバイスにオブジェクトを保存します。

S3 Glacier は、ストレージのコストが最も低いストレージクラスです。オブジェクトをこのストレージクラスに設定すると、データはアーカイブされます。アーカイブされたオブジェクトにアクセスするには、事前に**復元**という操作を行います。復元にはある程度の時間がかかります（**標準取り出し**の場合、3～5時間程度）。復元が完了すると、復元開始時に指定した日数の間、アーカイブから取り出したオブジェクトにアクセスすることができるようになります。

なお、最新の料金については、AWSの公式サイトの料金表や、**簡易見積もりツール**で確認してください。

Column 自動的なアクセス階層の変更

新しいストレージクラスとして登場した **S3 Intelligent-Tiering** には、**高頻度**と**低頻度**のアクセス階層が組み込まれています。連続で30日アクセスされていないオブジェクトは自動的に「低頻度」のアクセス階層へ移されます。「低頻度」のアクセス階層のオブジェクトにアクセスすると、オブジェクトは自動的に「高頻度」のアクセス階層へと移されます。「高頻度」のストレージコストは「S3 標準」と同じで、「低頻度」のストレージのコストは「S3 標準 - 低頻度アクセス」と同じです。取り出しにかかる料金はありません。わずかですが、モニタリングと自動化のための料金が発生します。

| Column | 簡易見積もりツール |

　簡易見積もりツールを使用すると、EC2 や S3 などの料金を簡単に見積もることができます。下記のサイトにアクセスし（図 4-4）、起動する EC2 の数やスペックを入力すると、料金が計算されて表示されます。

● https://calculator.s3.amazonaws.com/index.html

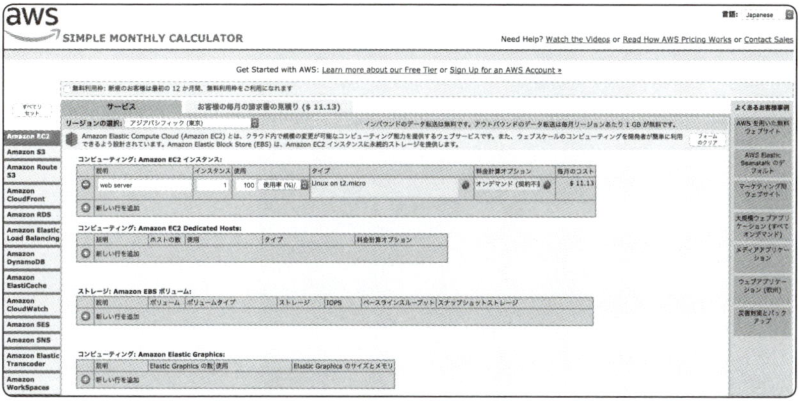

図4-4：簡易見積もりツール

ストレージクラスを選択する

　いろいろなストレージクラスがありますので、どれを選べばよいかわからないかもしれません。しかし、ストレージクラスはオブジェクトをアップロードした後でも変更することができますので、それほど悩む必要はありません（ただし「S3 Glacier」に設定した場合は、ほかのストレージクラスに変更する前に「復元」が必要になります）。

　たとえば、まずは「S3 標準」ストレージクラスで S3 にオブジェクトをアップロードするところから S3 の利用を開始することができます。アクセス頻度が低いオブジェクトには「S3 標準 - 低頻度アクセス」ストレージクラスを設定しましょう。長期保存を目的とする、取り出しに

時間がかかってもかまわないオブジェクトについては「S3 Glacier」ストレージクラスを設定しましょう。

　バケットに**ライフサイクルルール**を設定すると、オブジェクトが作成されてから指定した日数が経過した場合、自動的にストレージクラスを変更することができます（図4-5）。

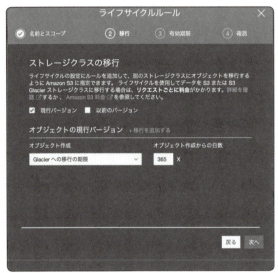

図4-5：ライフサイクルルール

　また**ストレージクラス分析**機能を使用すると、ストレージアクセスパターンを分析し、データをいつ適切なストレージクラスに移行すべきかを判断することができます。

静的ウェブサイトをホスティングする

　S3バケットを、ウェブサイトのホスティング用に設定することができます。いわば、S3バケットをウェブサーバーとして運用できるようになる機能です。HTML、CSS、JavaScript、画像ファイルなどを配置します。PHPスクリプトといった動的なコンテンツ（サーバーサイドスクリプト）を稼働させることはできませんが、簡易的なウェブサイ

トを運用したい場合には便利な機能です。

また、CDN（コンテンツデリバリーネットワーク）の機能を提供する CloudFront と組み合わせることで、バケットのコンテンツを世界中にすばやく配信することもできます。

ウェブブラウザからは、S3 バケットの**ウェブサイトエンドポイントURL** で、コンテンツにアクセスすることができます。独自ドメインを使用して、静的ウェブサイトを S3 バケットで運用することも可能です。

パフォーマンスを制御する

たとえば、社内のファイルサーバーにたくさんの社員がアクセスすると、ファイルサーバーの負荷が高くなり、ファイルの操作に時間がかかってしまう場合があります。S3 の場合、たくさんのユーザーが S3 にアクセスしたときのパフォーマンスはどうなるでしょうか？

S3 が受け付けることができるリクエスト数については、バケット内の**プレフィックス**（フォルダに相当）ごとに、1 秒あたり 3,500 回以上の書き込み（PUT/POST/DELETE リクエスト）と 5,500 回以上の読み取り（GET リクエスト）に対応することができます（図 4-6）。

プレフィックス

documents01/customers.txt

キー

図4-6：プレフィックス

プレフィックスを 10 個作り、読み取りを並列化すれば、読み取りパフォーマンスを 10 倍にスケールすることもできます（図 4-7）。

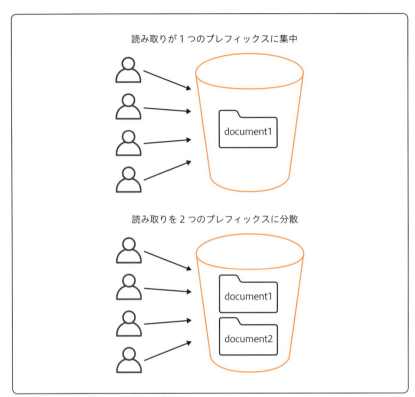

図4-7：読み取りの集中と分散

　S3とのデータ転送をより高速化するためには、高帯域幅のネットワークを利用して、アップロードやダウンロードを並列で実行することができます。

　オブジェクトをアップロードする際は、**マルチパートアップロード**で、オブジェクトを複数のパートに分けて、並列でアップロードすることができます。アップロードが完了したら、S3側でパートを結合します。

　オブジェクトをダウンロードする際は、**Range HTTPヘッダー**で、ダウンロードするバイト範囲を指定することができますので、複数のパートに分けて、並列でダウンロードすることができます。ダウンロードが完了したら、クライアント側でパートを結合します。

| Column | Amazon S3 Transfer Acceleration |

あるバケットに対し世界中のユーザーがアップロードを行うような場合、Amazon S3 Transfer Acceleration を使用すると、クライアントと S3 バケットとの間で、長距離にわたるファイル転送を高速、簡単、安全に行えるようになります。Transfer Acceleration では、世界中に分散したエッジロケーションが利用されています。エッジロケーションに到着したデータは、最適化されたネットワークパスで S3 にルーティングされます。

バージョンを管理する

S3 にオブジェクトを格納したとき、意図しない上書きや削除からオブジェクトを保護したい（エンドユーザーの操作ミスで重要なファイルを上書き・削除してしまったときに、元に戻したい）というケースがあります。

S3 のバケットでは、**バージョニング**機能を有効にすることができます（表4-3）。この機能を有効にすると、同じ**キー**でオブジェクトをアップロードしたときに、内部的には各バージョンをすべて保持することができます。また、オブジェクトを削除したときも、内部的には各バージョンをすべて残しておくことができます。

	キー	バージョン ID	最終更新日
①	customers.csv	1a2b3c	2019/1/10 11:22:33
②	customers.csv	4d5e6f	2019/2/20 22:33:44
③	customers.csv［削除マーカー］	7g8h9i	2019/3/30 12:34:56

表4-3：バージョニング

たとえば、あるバケットに「customers.csv」をアップロード（①）し、しばらくしてから、更新した「customers.csv」をアップロード

（②）したとします。さらに、バケットから「customers.csv」を削除した（③）とします。各バージョンには**バージョンID**という一意の文字列が付与されます。また、削除については**削除マーカー**が記録されます。

この場合、バージョンIDを明示的に指定することで、特定のバージョンを取り出すことができます。また、「削除マーカー」を削除して、バージョン②を復活させることができます。「削除マーカー」と、バージョン②（バージョンID「4d5e6f」）を削除して、バージョン①を復活させることもできます。

Amazon S3 Select

Amazon S3 Selectを使うと、S3に格納されているCSVファイル、JSONファイル、Apache Parquet形式で保存されたファイルに対し、SQLのSELECT文を実行することができます。

たとえば、S3に、CSVファイルの形式で売上データのファイルが格納されているとします。この売上データを、SQLのSELECT文で分析したい場合、以前は、CSVファイルをダウンロードし、データベースに格納して、SELECT文を実行する必要がありました。S3 Select機能を利用すると、S3上に格納されたファイルに対し、ダイレクトにSELECT文を実行し、必要な結果を取り出すことができます。

アクセス権限を管理する

S3に格納したオブジェクトは、自分のアカウントからのアクセスに限定したい場合もあれば、他のAWSアカウント（たとえば、他部署や関連会社のAWSアカウント）にもアクセスを許可したい、という場合もあるでしょう。また、インターネットからのアクセスを許可して、ファイルを自由にダウンロードさせたい、という場合もあるでしょう。S3は、**アクセス管理**を設定することで、このようなさまざまな使い方にも対応することができます。

104　第4章 | AWS導入のメリットその2—ストレージを活用する

デフォルトでは、オブジェクトには、そのオブジェクトを作成したアカウントのユーザーだけがアクセスすることができます。つまり、デフォルトでは、オブジェクトは**非公開**となっています。

オブジェクトを**公開**すると、インターネットのあらゆる場所から、そのオブジェクトにアクセス（ダウンロード）することができます。それぞれのオブジェクトは**オブジェクト URL** を持ちます（図4-8）。たとえば、S3 を利用してファイルの受け渡しをしたい場合は、まずバケットにファイル（オブジェクト）をアップロードし、「公開」し、そのオブジェクト URL を相手に伝えればよいわけです。オブジェクトを「公開」しなければ、URL を使用してオブジェクトにアクセスすることはできません。

https://s3-ap-northeast-1.amazonaws.com/bucketname/objectname

図4-8：オブジェクトURLの例

また、マネジメントコンソールで、オブジェクトの**アクセス権限**タブを開くと、**他の AWS アカウントのアクセス**という設定項目があります（図 4-9）。

図4-9：他のAWSアカウントのアクセス

ここから、他のAWSアカウント（他部署や関連会社のAWSアカウント）を指定することで、そのアカウントのユーザーにのみ、オブジェクトへのアクセスを許可することも可能です。

Column　署名付きURL

　マネジメントコンソールで、オブジェクトの「概要」タブの中に「開ける」というボタンがあります。ここをクリックすると、一時的にこのオブジェクトにアクセスすることができる**署名付きURL**を作ることができます（「開ける」ボタンをクリックすると、新しいタブで「署名付きURL」が開かれますので、そのURLをコピーします。図4-10）。

図4-10：「開ける」ボタン

　この「開ける」ボタンをクリックしたときに生成される「署名付きURL」の有効期限は300秒（5分）となっており、URLが生成されてから300秒以内であれば、公開されたオブジェクトと同じように、このオブジェクトにアクセスすることができます。
　「署名付きURL」のメリットは下記の点です。

- オブジェクトを**公開**する必要がない。オブジェクトへのアクセス許可を、「署名付きURL」を伝えた相手に限定することができる

- 有効期限を設定できる。有効期限が過ぎるとそのURLは使用不能となる

　AWS（CLI）やSDKで署名付きURLを生成することができます。この場合は、署名付きURLの有効期限を指定することができ、最大で7日間に設定することができます。

バケットポリシー

　バケットやオブジェクトへのアクセスをより細かくコントロールするには、**バケットポリシー**を使用することもできます。バケットポリシーでは、たとえば下記のような設定を行うことができます。

- アカウント内のIAMユーザー単位で、バケットやオブジェクトに対するアクション（操作）を許可・禁止する
- アップロードされるオブジェクトが必ず暗号化されるようにする
- 特定のIPアドレスからのアクセスだけを許可する

　バケットポリシーは**バケットポリシーエディタ**で表示・編集することができます（図4-11）。

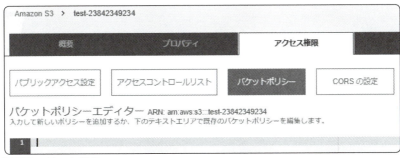

図4-11：バケットポリシー

データを暗号化する

　S3で、個人情報やクレジットカード情報などを扱う必要がある場合、データを適切に暗号化することが必要です。クライアント（S3に接続するアプリケーションなど）とS3間の通信内容や、S3に保存されたオブジェクトが、第三者に読み取られないようにするため、暗号化を行います。

　暗号化には、**転送時の暗号化**と**保管時の暗号化**があります（表4-4）。

暗号化	概要	方法
転送時の暗号化	クライアント〜S3間でデータを転送するときの暗号化	SSL クライアントサイド暗号化
保管時の暗号化	S3がデータセンターのディスクにデータを書き込むときの暗号化	サーバーサイド暗号化

表4-4：暗号化の種類

　ウェブブラウザを使用してマネジメントコンソール経由でS3にアクセスするときや、CLIやSDKを使用してS3にアクセスするとき、ウェブブラウザ〜S3間の通信内容はSSL（HTTPS）で暗号化されています。

クライアントサイド暗号化

　クライアントサイド暗号化は、データ（オブジェクト）をクライアント側で暗号化してからS3にアップロードする方法です（表4-5）。データそのものを暗号化する**データキー**と、データキーを暗号化する**マスターキー**が使用されます。データキーはデータごとに一意に生成されます。マスターキーは、クライアント側で管理する任意のマスターキー、または、AWS Key Management Service（KMS：後述）側で管理する**カスタマーマスターキー**を使います。

108　第4章　│　AWS導入のメリットその2─ストレージを活用する

オプション	データキーの生成	マスターキーの管理
クライアント側マスターキーの使用	クライアントプログラム（S3暗号化クライアント）	ユーザーが管理
KMSで管理されたカスタマーマスターキーの使用	KMS	KMS

表4-5：クライアントサイド暗号化方式のオプション

サーバーサイド暗号化

サーバーサイド暗号化は、S3がオブジェクトをディスクに書き込むときに暗号化する（ディスクからオブジェクトを読み取るときに復号する）方法です（表4-6）。S3がキーの管理を行う **SSE-S3**、KMSでキーの管理を行う **SSE-KMS**、ユーザーがデータキーを管理する **SSE-C** の3種類を利用することができます。

サーバーサイド暗号化方式	データキーの生成	マスターキーの管理
SSE-S3	S3	S3
SSE-KMS	KMS	KMS
SSE-C	ユーザー	（なし）

表4-6：サーバーサイド暗号化方式

Column　AWS Key Management Service（KMS）

AWS Key Management Service（KMS）は、データを保護するための暗号化キーの一元管理を行うサービスです。KMSは、S3やEBSなどのAWSサービスと統合されており、これらのサービスで暗号化・複号を行う際に使用されます。KMSでは、データそのものを暗号化・復号する「データキー」と、データキーを暗号化・復号する「カスタマーマスターキー（CMK）」を使用します。

アクセスログを取る

　S3のオブジェクトにどのようなアクセスがあったのか、ログを取りたい、というケースもあります。この場合、S3の**アクセスログ記録**と、CloudTrailの**オブジェクトレベルのAPIアクティビティ**を使用して、ログを記録することができます（表4-7）。

機能	概要
S3の「アクセスログ記録」	S3で「アクセスログ記録」を有効化することで、バケット内のオブジェクトに対するアクセスを記録することができます。ベストエフォート型の機能であり、配信時間は数時間以内です。
CloudTrailの「オブジェクトレベルのAPIアクティビティ」	CloudTrailの「イベントセレクタ」を設定することで、バケットやバケット内のオブジェクトに対するAPI操作をログ記録することができます。完全なトレイル（証跡）を取得することができます。

表4-7：アクセスログ

　「アクセスログ記録」は簡易的なログ記録ですが、ベストエフォート型です（すべてのリクエストが完全に報告されるとは限りません）。一方、CloudTrailの「オブジェクトレベルのAPIアクティビティ」を使用すれば、完全な記録を取得することができます（図4-12）。

図4-12：S3のアクセスログ記録

4-3 Amazon EBS

パソコンには、HDD（ハードディスクドライブ）やSSD（ソリッドステートディスク[注2]）が搭載されており、OSやデータはそこに格納されます。同じように、EC2インスタンスでは、OSやデータを**EBSボリューム**に格納しています（図4-13）。

Amazon Elastic Block Store（Amazon EBS）は、Amazon EC2インスタンスと組み合わせて使用することができる、ネットワーク接続型のブロックストレージボリュームです。

1ボリュームあたりの最大容量は16TBです。

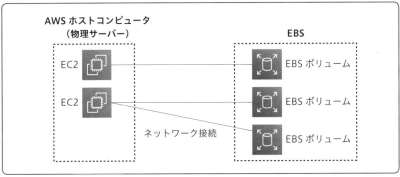

図4-13：EC2インスタンスとEBSボリューム

Column **インスタンスストア**

インスタンスタイプによっては、物理サーバーに直接接続された高速なストレージである**インスタンスストア**を使用することができます（図4-14）。EC2インスタンスタイプにより、使用できるインスタンスストアのサイズや、インスタンスストアで使用されるハードウェアの種類（HDD、SSD、NVMe SSD）が決まります。

注2 SSD 半導体メモリを使用した高速なディスク

インスタンスストアの料金は、EC2インスタンスの料金に含まれています。

インスタンスストアは、デタッチ（接続解除）して別のEC2インスタンスにアタッチすることはできません。また、EC2インスタンスの停止・終了時は、インスタンスストア内のデータは失われてしまいます（各ブロックがリセットされます）。インスタンスストアは、高速で一時的なデータの置き場所として活用することができます。

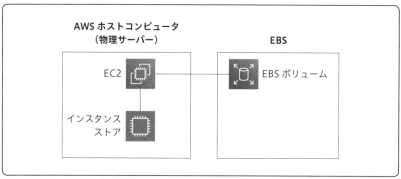

図4-14：インスタンスストア

EBSボリュームを利用する

EC2インスタンスを作成すると、そのインスタンスの起動ボリューム用として新しいEBSボリュームが作成され、EC2インスタンスにアタッチ（接続）されます。また、デフォルトでは、EC2インスタンスを削除すると、起動ボリュームも同時に削除されます。

インスタンスの起動時や、起動後に、必要に応じて2個目、3個目のEBSボリュームを作成し、アタッチすることもできます。

1つのEC2インスタンスで、同時に複数のEBSボリュームをアタッチして使用することができます。しかし、複数のEC2インスタンスから、1つのEBSボリュームを同時にアタッチすることはできません。

ボリュームタイプ

EBSボリュームを作成するときに、ボリュームタイプと容量を指定します（図4-15）。ボリュームタイプは、SSDタイプとHDDタイプから選択することができます（表4-8）。

図4-15：ボリュームタイプの選択

	SSDタイプ		HDDタイプ	
ボリュームタイプ	プロビジョンドIOPS SSD (io1)	汎用SSD (gp2)	スループット最適化HDD (st1)	Cold HDD (sc1) ボリューム
説明	レイテンシーの影響が大きいトランザクションワークロードに向けた、極めてパフォーマンスの高いプロビジョンドIOPS SSD	幅広いトランザクションデータに向けた、価格とパフォーマンスのバランスが取れた汎用SSD	高いスループットを必要とするアクセス頻度の高いワークロードに向けたスループット最適化HDD	アクセス頻度の低いデータに向けた最も低コストなCold HDD
ユースケース	I/O負荷の高いNoSQLデータベースとリレーショナルデータベース	ブートボリューム、インタラクティブで低レイテンシーのアプリケーション、開発およびテスト環境	ビッグデータ、データウェアハウス、ログ処理	1日のスキャン必要回数が少ないコールドデータ
ボリュームサイズ	4GiB〜16TiB	1GiB〜16TiB	500GiB〜16TiB	500GiB〜16TiB
最大IOPS/ボリューム	64,000	16,000	500	250
最大スループット/ボリューム	1,000MB/秒	250MB/秒	500MB/秒	250MB/秒

表4-8：EBSのボリュームタイプ　※1MiB（メビバイト）=2の20乗バイト、1GiB（ギビバイト）=2の30乗バイト、1TiB（テビバイト）=2の40乗バイト

SSD タイプは、ブートボリュームやデータベースといった、ファイルの読み書きの回数が多い場合におすすめです。HDD タイプは、大きなデータファイルを連続的な読み書きするといった、高いスループットを必要とする場合におすすめです。

EC2 インスタンスを起動するときに作成される起動ボリュームは、デフォルトでは、**汎用 SSD（gp2）**が使用されますが、**プロビジョンド IOPS SSD（io1）**に変更することができます。プロビジョンド IOPS SSD（io1）は、レイテンシー（通信遅延時間）の影響が大きいトランザクションワークロードで使用されます。「プロビジョンド」（Provisioned）とは「準備済みの」、「IOPS」（Input Output Per Second）とは「1 秒あたりの入出力回数」という意味です。io1 では、ボリュームに対して IOPS の値を指定することで、必要な性能を確保できます。なお、HDD タイプは、起動ボリュームとしては使用できません。

EBSの可用性・信頼性

EBS には、EC2 インスタンスが使用する OS やデータなどの重要な情報が書き込まれていきます。そこで気になるのが、EBS の可用性や信頼性です。

EBS ボリュームは、高い可用性と信頼性を提供します。1 つの EBS ボリュームは、内部的には、複数のコンポーネント（サーバーやディスク）で構成されています。そして、そのうちの 1 つのコンポーネントに障害が発生した場合でも高い可用性と耐久性を提供できるように、コンポーネントは AZ 内で自動的に複製されています。

この構成により、EBS は 99.999% の可用性を維持する設計となっています。EBS ボリュームの信頼性は、一般的な市販ディスクドライブの 20 倍となっています。

Column　EBS最適化インスタンス

　EC2インスタンスを起動する際に、インスタンスタイプによっては、**EBS最適化インスタンス**を選択することができます（インスタンスタイプによって**EBS最適化**が使えるかどうかが決まります。図4-16)。EBS最適化インスタンスでは、EBSボリューム専用のネットワークキャパシティーを利用できます。

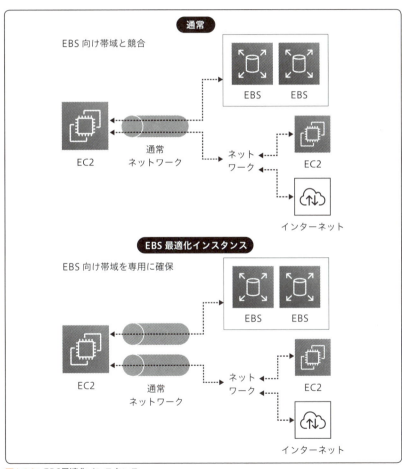

図4-16：EBS最適化インスタンス

　これにより、EBSとインスタンスの間のネットワークの競合を最小

限に抑え、EBS ボリュームに最適なパフォーマンスを実現できます。ディスクの入出力と、その他のネットワーク入出力がともに多い用途では、EBS 最適化インスタンスを使用することで、さらなる性能の向上を期待できます。

EBSボリューム容量の拡大・縮小、ストレージタイプの変更

パソコンに接続されたディスクの容量が不足して困ったことはないでしょうか？　また、パソコンで使用している HDD をより高速な SSD に置き換えたいと考えたことはないでしょうか？

EBS ボリュームでは、**エラスティックボリューム**機能を使って、容量の拡張・縮小や、ストレージタイプの変更を、OS を起動したまま、かつ、データを保持したまま、実行することが可能です。

バックアップを取得する

EBS ボリュームは、AZ 内で自動的に複製されているため、可用性・信頼性が高いという特徴があります。しかし、たとえば**ユーザーが間違えて重要なファイルを削除してしまい、元に戻したい**といった場合に備え、重要なデータが入った EBS ボリュームについては定期的にバックアップを取得することも必要です。

EBS ボリュームのバックアップとして、EBS スナップショットを作成することができます（図 4-17）。これは、EBS ボリュームのある瞬間のコピーです。EC2 インスタンスを起動させたまま、アタッチされた EBS ボリュームの EBS スナップショットを作成することもできますが、いったん EC2 インスタンスを停止するなどして、EBS ボリュームに必要な情報が完全に書き込まれた状態（静止点）を作り、EBS スナップショットを作成することもできます。静止点を作ってからスナップショットを作成する方がより安全です。

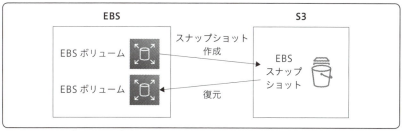

図4-17：スナップショットの作成

　必要に応じて、EBS スナップショットから、新しい EBS ボリュームを復元（再作成）することができます。元の EBS ボリュームと同じ容量、同じストレージクラスで復元することもできますが、容量やストレージタイプを変更して復元することも可能です。再作成した新しいEBS ボリュームは、EC2 インスタンスにアタッチして使用することができます。

EBSスナップショットはどこに保管される？

　EBS スナップショットは、S3 上に保存されます。したがって、極めて高い耐久性を持ちます（リージョン内の複数の AZ に複製が保存されます）。EBS スナップショットには特に保持期限はないため、ユーザーが明示的に削除するまで存続します。

リージョン間でスナップショットをコピーする

　災害対策などのため、重要なデータが入った EBS ボリュームを別のリージョンにコピーしたい場合があります。このときも、EBS スナップショットを使用します。

　EBS スナップショットはリージョン間でコピーすることができます（図4-18）。また、コピー先のリージョンで、EBS スナップショットから EBS ボリュームを復元することができます。

　なお、別のリージョンへのスナップショットのコピーは、ユーザーの

明示的な操作があったときにのみ実行されます。

　リージョン1のEBSボリュームをリージョン2のボリュームにコピー、もしくは復元したい場合（図4-11）、リージョン1内のS3に作成したスナップショット（①）をリージョン2のS3にコピーします（②）。

　その後、②のスナップショットをリージョン2のEBSボリュームに復元することで（③）、リージョン間のコピーが完了します。

　スナップショットは同リージョン内でしか作成できませんが、スナップショットのコピーはリージョンをまたがって実行することができます。

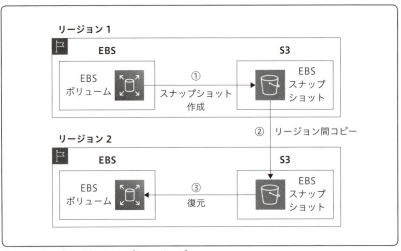

図4-18：リージョン間のスナップショットコピー

EBSスナップショットのコストは？

　EBSスナップショットを作成する際、空のブロックは保存されません。ですから、たとえば8GBのEBSボリュームを使用していて、実際には4GBしかブロックを使用していない場合は、4GB分のコストしかかかりません。

　EBSスナップショットを作成し、その後EBSボリュームの内容を変更して、さらにEBSスナップショットを作成したとします。すると、2回目のスナップショットでは、1回目のスナップショットから変更さ

れたブロックのみ、S3に保存されます。この仕組みにより、EBSスナップショットでは無駄な保存コストが発生しません。また、スナップショットを削除すると、他のどのスナップショットでも必要とされていないブロックだけが削除されます。

なお、具体的なコストについては、AWS公式サイトの価格表を確認してください。

Column　Amazon Data Lifecycle Manager（Amazon DLM）

Amazon Data Lifecycle Manager（Amazon DLM）は、EBS ボリュームで保存されたデータをバックアップするための簡単で自動的な方法です。タグに基づいて、ライフサイクルポリシーを作成することにより、EBS スナップショットのバックアップと保持ポリシーを定義できます。

従来はこのような定期的なバックアップを行うスクリプトを自前で開発・運用する必要がありましたが、Amazon DLM を使用することで、開発・運用コストを削減することができます。

また、DLM では、「ポリシースケジュール」で EBS スナップショットを取得する時間や保持させる個数を指定することができます（図 4-19）。

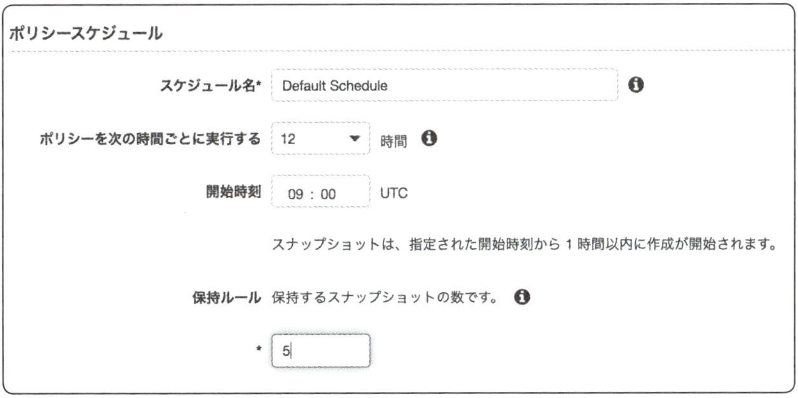

図4-19：ポリシースケジュール

EBSのセキュリティ

EBS ボリュームは、暗号化をサポートしています（表4-9）。暗号化の対象となる EBS ボリュームを作成し、サポートされているインスタンスタイプに関連付けると、そのボリュームに保管されるデータ、そのボリュームとのディスク I/O、そのボリュームから作成されたスナップショットは、すべて暗号化されます。暗号化は EC2 インスタンスをホストするサーバーで行われ、EC2 インスタンスから EBS ストレージに転送されるデータが暗号化されます。

また、起動ボリュームの暗号化も可能です。

ボリュームの種類	手順
起動ボリューム	AMIをコピーする際に「ターゲットのEBSスナップショットを暗号化」を選択
その他のボリューム	EBSボリュームを作成する際に「暗号化」を選択

表4-9：EBSボリュームの暗号化方法

4-4 Amazon EFS

Amazon Elastic File System（Amazon EFS）は、多数のLinuxインスタンスから接続することができるファイルストレージサービスです。

EFSは、ファイルへの共有アクセスを提供するフルマネージド型のサービスであり、追加のハードウェアやサードパーティのソフトウェアをセットアップしたり、または管理したりする必要はありません。EFSでは、必要なすべてのサービスを利用できるため、複雑な管理や設定、継続的なメンテナンスが必要ありません。

EFSをマウントして利用する

リージョン内に「EFSファイルシステム」を作成します（図4-20、21）。同時に、指定したVPCのサブネットに「マウントターゲット」が作成されます。

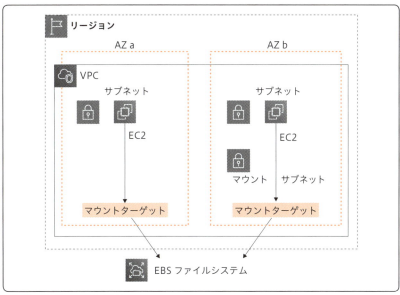

図4-20：EFSファイルシステム

EC2 インスタンスは、同じ AZ のマウントターゲットを「マウント」します。同 AZ 内であれば、異なるサブネットへもマウント可能です。以上で、複数のインスタンスからマウントしたファイルシステムを使用できます（OS から、ローカルのディスクと同様に読み書きできます）。

図4-21：EFSファイルシステムの作成

伸縮自在の容量

　EFS のストレージ容量は伸縮自在で、ファイルの追加および削除に合わせて、ストレージ容量の拡張や縮小が自動的に行われるため、必要なときに必要な分のストレージをアプリケーションで使用できます。容量は伸縮自在であるため、プロビジョニングは必要ありません。

EFSのパフォーマンス

　EFS を使用すると、ファイルシステムの拡大に合わせて、スループットおよび IOPS がスケールされます。また、一貫した低レイテンシーのファイル操作を実現します。

　EFS は、複数の EC2 インスタンス間でストレージを共有する必要がある場合に最適です。EFS では、共有ファイルシステムへの何千もの接続をサポートしています。データを一貫して共有する機能を必要とするワークフローでも、高いパフォーマンスで安全にアクセスできます。

122　第4章 │ AWS導入のメリットその2─ストレージを活用する

| Column | EBSとEFSの違いは？ |

EBS は**ブロックストレージ**です（表4-10）。EC2 インスタンスが使用する OS を格納するための**起動ボリューム**として使用することができます。EBS ボリュームは 1 つのインスタンスからのみアタッチ（接続）することができます。Linux インスタンスだけではなく、Windows インスタンスでも使用することができます。

EFS は**ファイルストレージ**です。EFS のファイルストレージには、多数の Linux インスタンスが同時に接続し、ファイルを共有することができます。NFS ファイルシステムを提供します。Linux インスタンスからマウントして使用することができます。

名称	EBS ボリューム	EFS ファイルシステム
分類	ブロックストレージ	ファイルストレージ
起動ボリュームとしての利用	可能	不可能
複数のインスタンスからの同時接続	不可能	可能
Windowsインスタンスからの利用	可能	不可能
容量	手動にて拡大が可能（最大16TiBまで）	拡張・縮小が自動的に行われる
バックアップ	EBSスナップショット（S3に保存）	EFS-to-EFSのバックアップソリューションを利用

表4-10：EBSとEFSの比較

4-5 Amazon FSx for Windows

Amazon FSx for Windows（FSx）は、多数のWindowsインスタンスやLinuxインスタンスから接続することができる共有ファイルストレージサービスです。完全マネージド型のサービスであり、ネイティブMicrosoft Windowsファイルシステムを提供します。ファイルストレージが必要なWindowsベースアプリケーションをAWSへ簡単に移行できます。

完全マネージド型のサービスであるため、Windowsファイルサーバーの管理に伴う経費を削減できます。

対応クライアント

FSxは、SMBバージョン2.0–3.1.1をサポートしており、Windows 7およびWindows Server 2008以降のWindowsバージョンと最新バージョンのLinux（Samba経由）で利用できます。Active Directoryも組み込まれており、既存のエンタープライズ環境と簡単に統合することができます。

SMBプロトコル、Windows NTFS、Distributed File System（DFS）を完全にサポートしています。

Amazon Elastic Compute Cloud（Amazon EC2）のほか、VMware Cloud on AWS、Amazon Work Spaces、Amazon AppStream 2.0インスタンスからの接続にも対応しています。

パフォーマンス

FSxでは、SSDストレージを使用することにより、高速なスループットとIOPS、一貫したミリ秒未満のレイテンシーという、Windowsア

124　第4章 │ AWS導入のメリットその2─ストレージを活用する

プリケーションとユーザーが期待する高速パフォーマンスを実現しています。最大で数千台のインスタンスからアクセスが可能です。高い耐久性と可用性を備えた Windows ファイルシステムを立ち上げることができます。

Column　EFSとFSxの違いは？

EFS は、Linux 向けのファイルストレージです（表 4-11）。NFS プロトコルに対応しており、Linux の EC2 インスタンスからマウントして使用することができます（Windows インスタンスには非対応です）。

FSx は、Windows 向けのファイルストレージです。Windows インスタンスから接続して使用することができます（Linux インスタンスにも対応しています）。

名称	EFS ファイルシステム	FSx
分類	Linux向けファイルストレージ	Windows向けファイルストレージ（Linuxからも利用可能）
対応プロトコル	NFS	SMB
対応クライアント	Linuxインスタンス	Windowsインスタンス、Linuxインスタンス、VMware Cloud on AWS、Amazon WorkSpaces、Amazon AppStream 2.0インスタンス
容量	拡張・縮小が自動的に行われる	300GiB〜65,536GiB（変更不可）
バックアップ	EFS-to-EFSのバックアッププソリューションを利用	1日に1回自動バックアップを取得。カスタムのバックアップスケジュールも設定可能

表4-11：EFSとFSxの違い

Column Amazon FSx for Lustre

Amazon FSx for Lustre は、ペタバイト規模の分散ファイルシステムを提供する、完全マネージド型のサービスです。HPC（ハイパフォーマンスコンピューティング）、機械学習、メディアデータ処理など、高性能・高並列性・低遅延を必要とするワークロードに向けて最適化されています。

Lustre ファイルシステムを作成して、数千～数万のクライアント（EC2 インスタンスやオンプレミスサーバー）からマウントし、同時にアクセスすることができます。

FSx for Lustre は、S3 とシームレスに統合されている点も大きな特徴です。処理対象のデータを S3 からファイルシステムにインポートしたり、処理結果のデータをファイルシステムから S3 に書き戻したりすることができます。

ファイルシステムにはミリ秒以下のレイテンシーでアクセスすることができ、数百万 IOPS、数百 GiB/sec ものデータ転送を行うことが可能です。性能は、プロビジョニングした容量によって決まります。

FSx for Lustre は、Amazon Linux、Amazon Linux 2、Red Hat Enterprise Linux（RHEL）、CentOS、SUSE Linux、Ubuntu など、ほとんどの Linux ベースの主要な AMI に対応しています。

第5章

AWS導入の
メリット

その **3**

――データベースを活用する――

本章では、
主要なデータベースサービスとして、
リレーショナルデータベースサービスのAmazon RDS と、
NoSQLデータベースのAmazon DynamoDB
について説明します。
AWSでデータベースを利用するための
各サービスの概要、特徴、使い分け
について解説します。

5-1 AWSのデータベースサービスの概要

　多くの場合、システムは、データを一元管理するためのデータベースを必要とします。Amazon Web Services（AWS）クラウドでは、Amazon Elastic Compute Cloud（Amazon EC2）インスタンスに任意のデータベースソフトをインストールして運用することができます。また、AWSが提供するマネージド型のデータベースサービス（表5-1）を活用することもできます。

名称	概要
Amazon Relational Database Service (Amazon RDS)	リレーショナルデータベースのセットアップ、運用、およびスケーリングを簡単に行うことのできるマネージド型サービスです。時間のかかるデータベース管理作業がユーザーの代わりに実行されるため、ユーザーを管理業務から解放し、アプリケーションとビジネスに集中させることができます。コスト効率もよく、データベース容量の変更にも柔軟に対応します。
Amazon DynamoDB	あらゆる規模に適した高速で柔軟な非リレーショナルデータベースサービスです。DynamoDBを使用すると、分散データベースの運用とAWSにスケーリングするための管理負荷を軽減できます。ユーザーは、ハードウェアのプロビジョニング、設定と構成、スループット容量のプランニング、レプリケーション、ソフトウェアのパッチ適用、クラスターのスケーリングなどを行う必要がありません。
Amazon Redshift	高速で完全マネージド型のデータウェアハウスです。標準SQLおよび既存のビジネスインテリジェンス（BI）ツールを使用して、すべてのデータをシンプルかつコスト効率よく分析できます。洗練されたクエリ最適化、列指向ストレージ、高パフォーマンスのローカルディスク、および超並列クエリ実行を使用して、ペタバイト単位の構造化データに対して複雑な分析クエリを実行できます。

表5-1：AWSの主なデータベースサービス

RDSとDynamoDBの違い

　RDSとDynamoDBについて、詳しくは以降の節で説明していきますが、ここで簡単に2つのサービスを比較してみましょう（表5-2）。

128　第5章 ｜ AWS導入のメリットその3―データベースを活用する―

	RDS	DynamoDB
種類	リレーショナルデータベース	NoSQLデータベース
操作	SQL （CREATE TABLE文、INSERT文、SELECT文など）	専用のAPI （create-table、put-item、queryなど）
サービスの種類	マネージド型 （サーバー管理の大部分を自動化可能）	フルマネージド型 （サーバー管理が不要）
データ容量	最大 32 TiB（MySQL、MariaDB、PostgreSQL） 最大 64 TiB（Oracle） 最大 16 TiB（SQL Server）	無制限
パフォーマンス	主にサーバーの性能とストレージの性能で決まる	主にテーブルに割り当てたRCU・WCUで決まる

表5-2：RDSとDynamoDBの比較

RDSとDynamoDBを使い分ける

　これまでオンプレミスで運用してきた既存システムでは、多くの場合、リレーショナルデータベースが使われていることでしょう。そのようなシステムをできるだけ変更せずに AWS クラウドに移行したいというケースでは、まずは RDS を検討してください。ただし、RDS にはマネージド型サービスであるため、制約もあります。制約が問題となるケースでは、EC2 にデータベースソフトをインストールして、自己管理で運用するという方法を取ることも可能です。

　一方、DynamoDB は、高速で一貫性のあるパフォーマンスが提供されるデータベースですが、独自のテーブル設計、独自の API を使用した操作が必要となります。DynamoDB を採用する場合は、システム側で、DynamoDB に合わせたデータ設計やコーディングが必要となります。単純にリレーショナルデータベースと同じ機能を DynamoDB に求めるのではなく、たとえば通常のリレーショナルデータベースでは対応が難しいような高頻度の読み書きが必要な箇所で DynamoDB を併用する、といったハイブリッド型の設計を検討することもできます。

5-2 Amazon RDS

　一般的な業務システムやウェブアプリケーションでは、データの管理にリレーショナルデータベースを使用しています。このようなシステムをAWSに移行するときに有用なサービスがAmazon Relational Database Service（RDS）です。RDSを使用すると、オンプレミスのリレーショナルデータベースをRDSに置き換えて稼働させることができます。

　RDSは、マネージド型のリレーショナルデータベースサービスです。Amazon Aurora、MySQL、MariaDB、PostgreSQL、Oracle、SQL ServerなどのデータベースエンジンをRDSで稼働させることができます。

Column　RDSはマネージド型サービス

　RDSはマネージド型のサービスです。つまり、リレーショナルデータベースの管理操作の多くがAWSによって提供されます。EC2上にデータベースをインストールするよりも、マネージド型のサービスであるRDSを使用することで、ユーザーは管理作業の手間を削減し、より価値を生む作業に専念することができます。

RDSを使用するメリット

　リレーショナルデータベースは、従来、オンプレミス（データセンターや社内のサーバールーム）の物理サーバー上で運用されてきました。AWSを使用する場合は、EC2上にMySQLなどのデータベースソフトを自分でセットアップして運用することも可能です。では、これらの

130　第5章 | AWS導入のメリットその3─データベースを活用する─

運用と比較した場合、RDSを使用してデータベースを運用するメリットはいったい何でしょうか？

RDSを使用することで、リレーショナルデータベースのセットアップ、設定、パッチの適用、バックアップなどの管理の負荷を軽減することができます。

図5-2のように、オンプレミスの物理サーバー上のデータベースをEC2に移行すると、OSのインストールといった運用の必要がなくなります。また、RDSを使用すると、さらに運用が簡単になります。

図5-2：オンプレミス、EC2、RDSの管理作業の比較（再掲）

RDSの利用を開始する

　RDSはどのように使い始めればよいのでしょうか？　ここでは、AWSマネジメントコンソールを使用してRDSをセットアップする流れを簡単に紹介します（図5-3）。

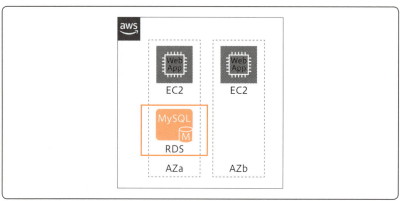

図5-3：ウェブサーバーとDBサーバー

　AWSマネジメントコンソール上から、RDSの**DBインスタンス**を起動します。このとき、DBインスタンスで稼働させるデータベースエンジンの種類（MySQLなど）やバージョン、インスタンスクラス（サーバーに割り当てるCPUやメモリ）、ストレージのサイズやタイプ、データベース名、ユーザー名、パスワードなどを設定します。DBインスタンスが起動すると「DBエンドポイント」というアドレスが割り当てされます。DBエンドポイントは「myinstance.123456789012.ap-northeast-1.rds.amazonaws.com」といったFQDN（完全修飾ドメイン名）であり、DBインスタンスに接続するために使用するアドレスです。データベースを使用するアプリケーションは、DBエンドポイントに接続して、SQL文をDBインスタンス上で実行することができます。

```
DB エンジン
Aurora - MySQL 5.6 との互換性あり

Capacity type    info
●  Provisioned
    サーバーのインスタンスサイズをプロビジョンおよび管理します。

○  Provisioned with Aurora parallel query enabled    info
    You provision and manage the server instance sizes, and Aurora improves the performance of analytic queries by pushing
    processing down to the Aurora storage layer (currently available for Aurora MySQL 5.6)

○  Serverless    info
    必要なリソースの最小量を最大量を指定すると、Aurora によってデータベースの負荷に基づきキャパシティーがスケールされま
    す。

DB エンジンのバージョン    info

   Aurora (MySQL)-5.6.10a                                            ▼

DB インスタンスのクラス    info

   db.r5.large — 2 vCPU, 16 GiB RAM                                  ▼

マルチ AZ 配置    info
●  異なるゾーンにレプリカを作成
○  いいえ
```

図5-4：インスタンスクラスなどの選択

RDSの可用性を高める

　RDS を本番システムで利用する際に気になるのが、RDS の可用性で
す。RDS の可用性はどのように高めることができるのでしょうか？

　RDS は、単一の DB インスタンスで構成する**シングル AZ 配置**（図
5-4）と、2 つの DB インスタンスをセットで構成する**マルチ AZ 配置**
（図 5-5）を選択することができます。マルチ AZ 配置を選択した場合、
あるアベイラビリティーゾーン（AZ）に**プライマリ DB インスタンス**、
別の AZ に**スタンバイ DB インスタンス**が起動します。

　正常な状態では、RDS に対するトランザクションはプライマリ DB
インスタンスが受信し、処理します。プライマリ DB インスタンスへの
データ更新は、同期的に、スタンバイ DB インスタンスにも適用されま
す。つまり、プライマリとスタンバイの DB の内容は、常に同じに保た
れています。

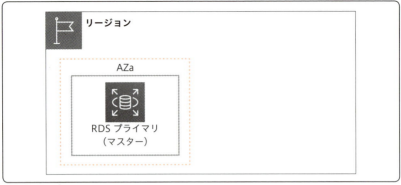

図5-4：シングルAZ配置

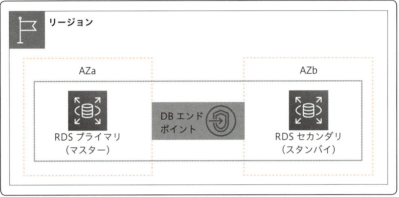

図5-5：マルチAZ配置

　そして、何らかの理由でプライマリDBインスタンスが利用できなくなった場合は、RDS側で自動的にフェイルオーバー（スタンバイDBインスタンスへの切り替え）が開始されます。RDSを使用するシステムは、RDSの利用を数分以内に再開することができます。

　なお、フェイルオーバーは、RDSエンドポイントに対する実体のIPアドレスを書き換える仕組みとなっていますので、Amazon RDSを使用するシステムは、IPアドレスではなく、RDSエンドポイントに対して接続をするように設定することが重要です。

RDSでのバックアップとリカバリ

データベースには、顧客データや注文データといった、業務上重要なデータが格納される場合があります。そこで実施しなければならないのが、万が一に備えて、重要なデータを安全な場所にバックアップしたり、バックアップからリカバリ（復旧）したりといった、データを保護するための作業です。RDSでは、バックアップとリカバリはどのように行うのでしょうか？

RDSでは、**自動バックアップ**と**スナップショット**を使用することができます（図5-6）。なお、自動バックアップで保存されたもの自体も「スナップショット」と呼ばれる場合があります。

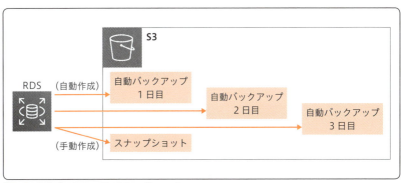

図5-6：自動バックアップとスナップショット

自動バックアップ

毎日、データベースのスナップショットを自動的に取得する機能です。加えて、トランザクションログも5分に1回取得されます。これらはS3に格納されます。自動バックアップからは、ポイントインタイムリカバリ（指定した時点へリカバリする機能）が可能です。自動バックアップには保持期限があり、デフォルトで7日間となっています。保持期限は、最大で35日間に設定することができます。

スナップショット

ある瞬間の DB インスタンスのバックアップを取得する機能です。スナップショットは、ユーザーが明示的な操作で取得や削除を行います。スナップショットは、S3 上に保存されます。スナップショットから、DB インスタンスの復元（新しい DB インスタンスの作成）を行うことが可能です。

Column　スナップショットと自動バックアップの使い分け

自動バックアップは、保持期限中のある時点のデータに、データベースをリカバリするために利用することができます。たとえば、ユーザーが誤って重要な行を削除してしまったときに、自動バックアップを使用して、削除前のデータベースをリカバリすることができます。一方、スナップショットは、取得した時点のデータベースを復元するために利用することができます。スナップショットは自動的には削除されないので、任意のタイミングのバックアップを、任意の期間、保存しておくことが可能です。

RDSを監視（モニタリング）する

データベースが安定して稼働するためには、データベースの使用状況を監視して、CPU、メモリ、ストレージなどの利用状況を把握する必要があります。監視の結果、必要に応じて、スペックを変更したり、ストレージを追加したりといった作業を行います。では、RDS の性能を監視するにはどうすればよいのでしょうか？

RDS では、Amazon CloudWatch による監視と、実行速度が遅いクエリを特定する機能を利用することができます。

136　第5章 │ AWS導入のメリットその3─データベースを活用する─

Amazon CloudWatch

モニタリングサービスである CloudWatch を使用して、RDS の CPU、メモリ、ディスクなどを監視することができます。

実行速度が遅いクエリの特定

「スロークエリログ」、「トレースファイル」などの仕組みを使用して、今までのデータベースのナレッジを活用しながら、実行速度が遅い SQL クエリを特定したり、クエリチューニングを行ったりすることができます。

RDSの性能を高める

監視の結果、RDS の CPU やメモリが不足している場合は、EC2 と同様に、簡単にスケールアップを実行することができます。また、Amazon Elastic Block Store（Amazon EBS）と同様に、RDS のストレージクラスも、ワークロードに合わせて、より高性能な**プロビジョンド IOPS** タイプを選択することができます。

スケールアップ

RDS の**インスタンスクラス**を変更して、DB インスタンスが使用する CPU やメモリを増やすことができます（図 5-7）。

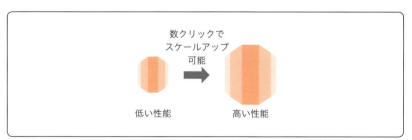

図5-7：スケールアップ

RDSでは表5-3のような「インスタンスクラス」を指定することができます。

種類	概要	インスタンスクラス
スタンダード	メモリ、CPUなどのバランスが取れた汎用的なインスタンスクラス	「M5」「M4」など
メモリ最適化	よりたくさんのメモリを要するワークロード向けのインスタンスクラス	「R5」「R4」「X1e」「X1」
バースト可能なパフォーマンス	スパイク（瞬間的な高負荷）が発生するワークロードや、テスト用	「T3」「T2」

表5-3：RDSのインスタンスクラス

プロビジョンド IOPS の利用

RDSのストレージタイプでは、ストレージタイプで、プロビジョンド IOP を設定することができます。それにより、ストレージが使用する IOP（1秒あたりの入力／出力オペレーション）を指定し、高速で一貫した I/O 性能を保つことができます（表5-4）。

項目	汎用 (SSD) (gp2)	プロビジョンド IOPS (io1)	マグネティック[2]
種類	SSD	SSD	ハードディスク
容量課金	あり（GBあたり）	あり（GBあたり）	あり（GBあたり）
IOPSキャパシティー課金	なし	あり（プロビジョニングされたIOPS単位）	なし
IOリクエスト課金	なし	なし	あり
性能	高性能＋バーストgp2：100〜最大16,000 IOPS（サイズに依存。バースト上限は3,000 IOPS)	安定した高性能io1：1,000〜最大80,000 IOPS（エンジンによる）(PIOPS設定を保証[1])	平均100〜最大数百IOPS（サイズに依存）

※1　小さなインスタンスタイプではストレージとの帯域不足により設定したIOPSに達しない場合がある（EBS最適化を推奨）。
※2　「マグネティック」は下位互換のためにサポート

表5-4：RDSのストレージタイプ

RDSのストレージを拡張する

データベースを運用して、たくさんのデータを格納していくと、ストレージが不足する場合があります。RDS では、簡単にストレージを拡大することが可能です。インスタンスの変更画面にて、インスタンスに割り当てる新たなストレージサイズを選択します。

DB インスタンスに割り当てたストレージ容量は、DB インスタンスの可用性を維持しながら増やすことが可能です。MySQL、MariaDB、SQL Server、Oracle、PostgreSQL エンジンでは、ダウンタイムを生じさせることなく、稼働中にストレージを拡張できます。

なお、RDS はデータベースおよびログのストレージとして内部的に EBS を使用しています。

RDSの負荷を減らす

RDS の負荷が高い場合、前述の方法でスケールアップなどを実行して、負荷に対応することも可能ですが、それ以外の方法を用いて、RDS の負荷を減らすことも可能です。

● リードレプリカ

1 つの RDS のマスターインスタンスに対し、「リードレプリカ」のインスタンスを最大 5 つまで追加することができます。リードレプリカを追加することで、DB インスタンスの読み取りトラフィックをリードレプリカに分散させることができます（図 5-8）。これにより、DB インスタンスの負荷を削減することができます。なお、マスターインスタンスからリードレプリカへレプリケーションは非同期で実行されます（レプリカラグがあります）。アプリケーションが、読み取りのリクエストをリードレプリカのエンドポイントに送信することで、リードレプリカを利用することができます。

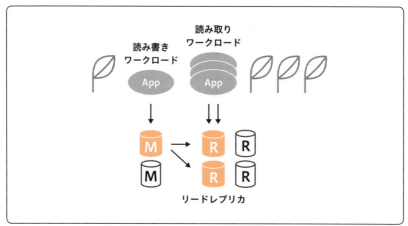

図5-8：リードレプリカの利用

● キャッシュサーバー

　RDSから読み取ったデータをキャッシュサーバーにキャッシュし、再利用するようにすることで、DBインスタンスの負荷を削減することができます。たとえば、ニュース記事を表示するようなウェブサイトでは、いったんデータベースから取得した記事データの情報をキャッシュサーバーにキャッシュすることができます。そして、別のユーザーが再度同じページを表示する際に、キャッシュサーバーから必要な記事データを取り出すことで、データベースのアクセスを減らすことができます。

　キャッシュサーバーとしては、Amazon ElastiCacheなどのサービスを使用することができます。

RDSのセキュリティ

RDSのセキュリティを高めるには、VPCを利用する、通信経路の暗号化・保存時の暗号化を行う、といった方法があります。

VPCの利用

RDSインスタンスはVPCの内部に起動します。したがって、EC2インスタンスと同様に、VPCのサブネット、セキュリティグループを利用して、RDSへのネットワークアクセスを制御することができます（図5-9）。

多くの場合、RDSはインターネットからのトラフィックを直接受信する必要がないため、RDSのDBインスタンスは「プライベートサブネット」で運用し、VPC内部からのトラフィックだけを受け付けるようにします。さらに、EC2と同様の「セキュリティグループ」を使用できるので、必要なトラフィックの受信だけを許可し、その他のトラフィックの受信を防ぐことができます。

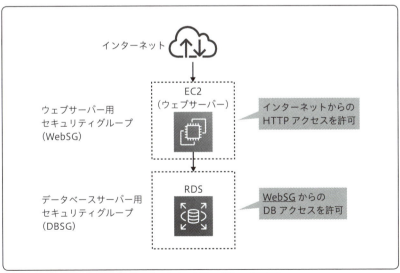

図5-9：VPC、プライベートサブネット、セキュリティグループの利用

通信経路の暗号化

SSL を使用して、通信経路上のデータを暗号化するオプションの機能です。MySQL、MariaDB、SQL Server、PostgreSQL、および Oracle エンジンでサポートされています。各 DB インスタンスに対して SSL 証明書を生成します。

保存時の暗号化

ストレージにデータを保存するときに暗号化を行うオプションの機能です。Amazon RDS 暗号化を使用して実行するデータベースインスタンスでは、ストレージに保管されるデータ、自動バックアップ、リードレプリカ、スナップショットが暗号化されます。また、SQL Server および Oracle では、Transparent Data Encryption（透過的なデータベース暗号化）機能もサポートされています。

Column | **Amazon Aurora**

Aurora は、クラウド向けに構築された、MySQL や PostgreSQL と互換性のあるリレーショナルデータベースです。RDS で使用できるデータベースエンジンの一種として提供されています。商用データベースと同等のパフォーマンスと可用性を、10 分の 1 のコストで実現します。標準的な MySQL と比べて 5 倍のスループット、標準的な PostgreSQL と比べて 3 倍のスループットを活用することができます。可用性は 99.99% を上回り、耐障害性と自己修復機能を備えています。

5-3 Amazon DynamoDB

　Amazon DynamoDB は、高速で一貫性のあるパフォーマンスを発揮することができる NoSQL データベースです。データの読み書きといった操作を、規模に関係なく、一貫した数ミリ秒台の応答時間で実現します。内部的には、データの保存に、高速な SSD が使用されています。また、後述の **DAX** を使用すると、操作の遅延をマイクロ秒レベルまで短縮することも可能です。

　DynamoDB は、**完全マネージド型**のサービスです。カスタマーは、DynamoDB のサーバーを明示的に作成したり、管理したりする必要がありません。AWS 側で、十分な数のサーバーが用意され、データとトラフィックは自動的に分散されます。

DynamoDBを使用するメリット

　DynamoDB は、データの読み書き操作の遅延が非常に小さく、しかも、性能が一貫しているところが特徴です。したがって、広告配信（アドテク）、ゲーム、IoT（Internet of Things）など、速度が要求されるアプリケーションやシステムで活用することができます。また、シンプルで使いやすく、サーバーの管理も不要であるため、AWS で稼働するウェブアプリのセッションストア、マイクロサービスのデータストアなど、さまざまなサービスのバックエンドとしても活用できます。

　テーブルは、リレーショナルデータベースおよび DynamoDB の基本的なデータ構造です。リレーショナルデータベース管理システム（RDBMS）では、作成時に、テーブルのスキーマを定義する必要があります。これに対して、DynamoDB のテーブルは、プライマリキー以外はスキーマレスですから、テーブル作成時に属性やデータ型を定義する必要はありません。

可用性と耐久性

　DynamoDBのデータは、AWSの内部でどのように保存されているのでしょうか？

　DynamoDBは、SPOF（単一障害点）が存在しない、極めて可用性の高い分散データベースです。DynamoDBの**テーブル**は、指定したリージョンに作成されます。テーブルに書き込まれたデータは、内部的に、リージョン内の3つのAZにわたって自動的に複製されます（図5-10）。これにより、高い可用性と耐久性を実現しています。

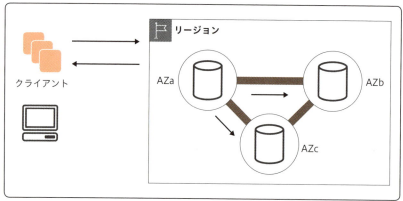

図5-10：DynamoDBのデータ複製

DynamoDBの利用を開始する

　DynamoDBの利用を開始するには、データを保存したいリージョンにテーブルを作成します（図5-11）。テーブルを作成したら、データを書き込んだり、読み込んだりすることができます。サーバーの管理は不要です。

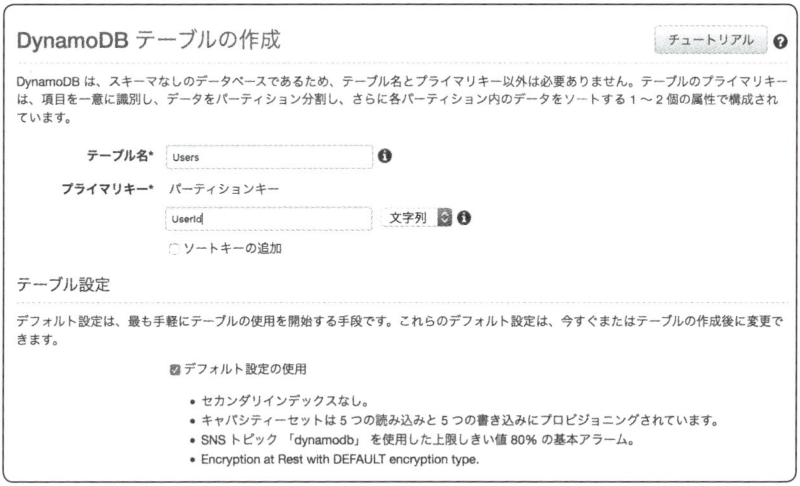

図5-11：DynamoDBテーブルの作成

DynamoDB Localを使った開発

DynamoDB に読み書きするアプリケーションの開発やテストでは、**DynamoDB Local** を使用すると便利です。これは、ダウンロード可能なバージョンの DynamoDB であり、開発用のサーバー上にセットアップすることができます。

DynamoDB Local は、DynamoDB と互換性のある API を持っています。したがって、開発中のアプリケーションでは、AWS リージョンで稼働する本物の DynamoDB の代わりに、DynamoDB Local を使用して、開発・テストを行うことができます。DynamoDB Local の使用には、料金がかかりません。

スループットキャパシティー

DynamoDB の性能は、読み込みキャパシティーユニット（RCU: Read Capacity Unit）と書き込みキャパシティーユニット（WCU: Write Capacity Unit）という 2 つの数値で表現されます。たとえば次のようになります。

あるテーブルにおいて、1秒間に5回の読み込みを行うと5 RCUを消費し、1秒間に10回の書き込みを行うと10 WCUを消費します。

DynamoDB の各テーブルに対し、**キャパシティーモード**を選択します。あらかじめ固定の RCU・WCU を割り当てる**プロビジョニング済み**キャパシティーモード（デフォルト）と、RCU・WCU の指定が不要な**オンデマンド**キャパシティーモードがあります（図 5-5）。

キャパシティーモード	概要
プロビジョニング済み (Provisioned)	テーブルのRCU・WCUを指定し、その分だけ料金が発生するモードです。手動でRCU・WCUを調節することができます。また「DynamoDB Auto Scaling」を使用して、アプリケーションのトラフィックの変化に応じて、RCU・WCUを自動的に調節することも可能です。
オンデマンド (On-demand)	テーブルに対して実行した読み取り・書き込みの分だけ料金が発生するモードです。RCU・WCUを指定する必要はありません。

表5-5：キャパシティーモード

なお、「プロビジョニング済み」キャパシティーモードで**DynamoDB Auto Scaling** を使用していないテーブルの場合、テーブルに割り当てた RCU・WCU を超える読み書きリクエストは**スロットリング**されます（リクエストがエラーとなります）。AWS SDK（さまざまなプログラム言語から AWS を操作するための公式ライブラリ）では、スロットリングが発生したとき、内部的に再試行が行われます。

RCU・WCU の値はテーブルを作成した後でも動的に変更することができます。また、**DynamoDB Auto Scaling** 機能を使用して、自動的に調節させることも可能です（図 5-12）。

146　第5章　AWS導入のメリットその3―データベースを活用する―

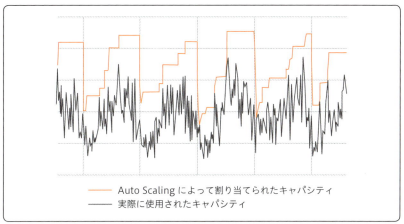

図5-12：DynamoDB Auto Scalingの動作イメージ

DynamoDBの整合性モデル

　DynamoDBのデータの読み取りでは、「結果整合性のある読み込み」（デフォルト）と「強い整合性のある読み取り」のいずれかを利用することができます。「結果整合性のある読み込み」では、書き込みの直後に読み取りをした場合、最新のデータが取り出されない場合があります（通常1秒以内に整合性のある状態となり、最新のデータが返されるようになります）。「強い整合性のある読み取り」は、常に最新のデータを返します。「結果整合性のある読み込み」は、RCUの消費が半分となる（1RCUで2回の読み込みができる）ため、たとえば、書き込み後、次の読み込みまで1秒以上の時間間隔があることが明らかなケースなどで、活用することができます。

Amazon DynamoDB Accelerator (DAX)

　DAXは、DynamoDB用の、完全マネージド型のキャッシュサービスです（図5-13）。DAXは、DynamoDBテーブルの前段（論理的に）に置かれ、DynamoDBの応答時間を、ミリ秒からマイクロ秒まで短縮することができます。

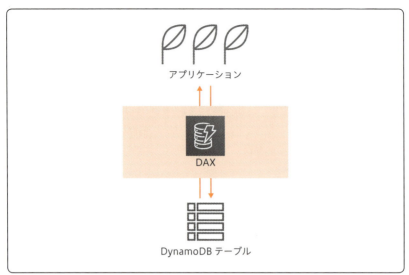

図5-13：DAXの仕組み

DynamoDBでのバックアップとリカバリ

DynamoDBに格納したデータは、どのようにバックアップ・リカバリすることができるのでしょうか？

DynamoDBでは**オンデマンドバックアップ**と**継続的なバックアップ**をサポートしています。

● オンデマンドバックアップ

テーブルの完全なバックアップを作成することができます。バックアップおよび復元アクションを実行しても、テーブルのパフォーマンスや可用性に影響を及ぼすことはありません。テーブルのサイズに関係なく、数秒でバックアップを完了することができます。バックアップは、明示的に削除されるまで維持されます。

● 継続的なバックアップ

この機能を有効にすると、**ポイントインタイムリカバリ**を実行することができます。つまり、過去35日間の任意の時点にテーブルを復元す

ることができます。

DynamoDBを監視（モニタリング）する

CloudWatch を使用して、DynamoDB のモニタリングを行うことが可能です。たとえば、プロビジョンドスループット（RCU、WCU）が実際にどのくらい消費されたかを確認することができます。

DynamoDBのセキュリティ

DynamoDB のセキュリティを高めるには、「Identity and Access Management（IAM）によるアクセスコントロール」、「保管時の暗号化」といった方法があります。

● IAM によるアクセスコントロール

IAM は、AWS アカウント内にユーザーやグループを作成したり、ユーザーグループが実行することができる機能をコントロールしたりする機能です。IAM を使用すると、たとえば「どのユーザーが、どの DynamoDB テーブルに、どのような操作ができるのか」を、細かくコントロールすることができます。

● 保管時の暗号化

新規テーブルを作成するときに暗号化を有効にするだけで、DynamoDB が透過的に暗号化処理を行います。ストレージオーバーヘッドは最小限です。データ（テーブル、ローカルセカンダリインデックス、グローバルセカンダリインデックス）は、AES-256 およびサービスデフォルトの AWS Key Management Service（KMS）キーを使用して暗号化されます。

149

第 6 章

AWS導入の
メリット

その 4

―セキュリティの考え方―

本章では、
AWSの利用者に把握していただきたい
セキュリティの知識として、
データセンターのセキュリティと、
認証・認可の仕組みである
IAMについて説明します。
AWSの基本的なセキュリティの考え方である
責任共有モデル、ならびに認証と
アクセス管理の方法を解説します。

6-1 AWSのセキュリティ サービスの概要

　クラウドセキュリティは、Amazon Web Services（AWS）の最優先事項です。AWSでは表6-1のようなさまざまなセキュリティサービスを利用することができます。

名称	概要
AWS Identity and Access Management (AWS IAM)	カスタマーのAWSリソースへの個人またはグループによるアクセスを安全にコントロールすることができます。ユーザーID（「IAMユーザー」）を作成および管理し、リソースへのアクセス許可をそのIAMユーザーに付与することができます。
Amazon Cognito	モバイルアプリケーションやウェブアプリケーションにユーザーのサインアップと認証機能を簡単に追加できます。外部IDプロバイダーを介してユーザーを認証したり、AWS内のアプリケーションのバックエンドリソースまたはAmazon API Gatewayで保護されているサービスにアクセスするための一時的なセキュリティ認証情報を付与したりもできます。
Amazon GuardDuty	AWSアカウントとワークロードを継続的にモニタリグおよび保護できる脅威検出機能を提供します。
Amazon Inspector	自動化されたセキュリティ評価サービスで、Amazon EC2インスタンスのネットワークアクセスと、そのインスタンスで実行しているアプリケーションのセキュリティ状態をテストできます。
AWS Key Management Service (AWS KMS)	データ暗号化の手間を軽減する管理型のサービスです。AWS KMSでは、可用性の高いキーの保存、管理、監査ソリューションを提供し、ユーザー独自のアプリケーション内でデータの暗号化を行い、AWSのサービス全体に保存されたデータの暗号化の管理を行います。
AWS Organizations	AWSアカウントの作成と管理の自動化を行うことができ、複数のAWSアカウントに適用するポリシーを集中管理することができます。複数のAWSアカウントの料金を一括請求でまとめることができます。
AWS Shield	AWSで実行されるアプリケーションをDistributed Denial of Service（DDoS）攻撃から保護するマネージド型のサービスです。AWS Shield Standardは、すべてのカスタマーに対し追加料金なしで自動的に有効化されます。AWS Shield Advancedは任意で利用できる有料サービスです。
AWS Web Application Firewall (AWS WAF)	アプリケーションの可用性に対する影響、セキュリティの侵害、過剰なリソース消費を生じる可能性がある一般的なウェブエクスプロイトからウェブアプリケーションを保護するために役立つウェブアプリケーションファイアウォールです。

表6-1：AWSの主なセキュリティサービス

責任共有モデル

AWSを利用する上でのセキュリティの基本の考え方は、**責任共有モデル**です（図6-1）。

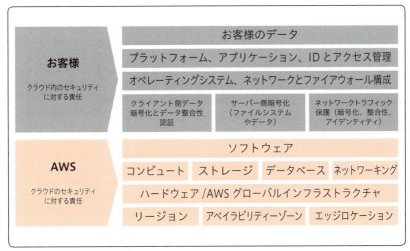

図6-1：責任共有モデル（再掲）

　下位のレイヤーである、AWSのインフラストラクチャ、基本サービスについては、セキュリティをAWSに任せることができ（詳細は後述）、セキュリティ対策コストを節約することができます。AWSは、業界における認定と独立したサードパーティによる証明を取得し、ホワイトペーパーなどの形で提供しています。

　一方、上位のレイヤーである、OS、データ、アプリケーションなどについては、カスタマーが、セキュリティのコントロールを実施します。AWSおよびAWSパートナーが提供する数百ものセキュリティサービスやツールを活用して、既存の環境と同等またはそれ以上のセキュリティを実現することが可能です。

　データは、指定したリージョンにとどまります。明示的に操作をした場合を除き、カスタマーのデータが別のリージョンに移動・複製されることはありません。

6-2 AWSのデータセンターのセキュリティ

　AWSは、責任共有モデルに従って、データセンターのネットワーク、ルーター、スイッチ、ファイアウォールのようなインフラストラクチャコンポーネントについて責任を持ちます。AWSデータセンターは、セキュリティを念頭に置いて設計されており、統制により具体的なセキュリティが実現されています。

AWSのセキュリティ対策

　AWSは、自然災害や人為的なリスクからAWSのインフラストラクチャを保護するための、AWSのデータセンターシステムの継続したイノベーションに取り組んでいます。AWSではセキュリティやコンプライアンス上の統制を実装し、オートメーション・システムを構築し、第三者監査によるセキュリティやコンプライアンスについての検証を実施しています。国際的に認められた規格および実施基準に準拠しているということは、AWSが組織のすべてのレベルで情報セキュリティに取り組んでいること、およびAWSのセキュリティプログラムが業界の主なベストプラクティスに従っていることの証拠となります。その結果、世界で最も厳しく規制されている組織からも信頼をいただいています。

　AWSは、セキュリティへの大規模かつ継続的な投資を行い、セキュリティ専門部隊を設置しています。

AWSのデータセンター

　AWSのリージョンには基本的に2つ以上のアベイラビリティーゾーン（AZ）があり、1つのAZには複数のデータセンターがあります（利用者は、データセンターを意識する必要はありません）。

154　第6章　AWS導入のメリットその4—セキュリティの考え方—

AWS は、洪水、異常気象、地震といった環境的なリスクを軽減するために慎重にデータセンターの設置場所を選択しています。単一のデータセンターレベルの障害でもシステムが継続可能なように設計されています。データセンター同士は、洪水、地震などを想定し、物理的に離れた場所に設置されています。AZ ごとに、複数の異なる電源供給元、冗長化された Tier-1 ネットワークなどを設置しています。

　AWS のデータセンターは、保安要員、防御壁、侵入検知テクノロジー、監視カメラ、その他セキュリティ上の装置によって保護されています。サーバーを保護するために、電力ジェネレーター、冷却暖房換気空調設備、消火設備などが整備されています。

　データセンターの場所は非公開となっています。

Column　AWSのデータセンターについてもっと知りたい！

　AWS のデータセンターは、場所が非公開となっており、カスタマーが立ち入ることはできません。ですが、データセンターのセキュリティ上の取り組みを紹介する**バーチャルツアー**サイトが用意されています。このサイトでは、AWS データセンターの物理的なセキュリティ対策、電力や通信設備といったインフラストラクチャレイヤーの管理、カスタマーデータを保存するデータレイヤーの管理、自然災害や火災に対する対策などをわかりやすく紹介しています。

● https://aws.amazon.com/jp/compliance/data-center/data-centers/

> **Column**　大阪ローカルリージョンとは？

　大阪ローカルリージョンは、東京リージョンと組み合わせて使用することを想定した特別なリージョンです（図6-2）。一般的なリージョンとは異なり、耐障害性の高い単一のデータセンターと1つのAZで構成されています。

　大阪ローカルリージョンは、東京から約400キロメートル離れた地点に位置しているため、AWS東京リージョンからさらに離れた場所に、拡張可能なデータセンターが必要な場合に適しています。

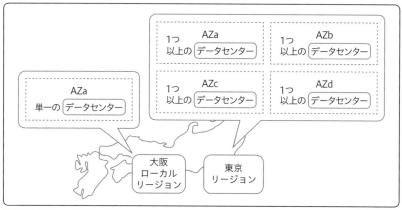

図6-2：大阪ローカルリージョン

　IT資産に対する追加の対策として、国内に地域的な多様性を重要視する場合はAWS東京リージョンと合わせて利用できます。利用には、申込みと審査が必要です。下記のフォームから申込みができます。

- https://pages.awscloud.com/osaka-local-region-request.html

6-3 AWSにおける ユーザー管理

　AWSのアカウントを開設するときに、メールアドレス、パスワードを設定します。この情報を使用して、AWSマネジメントコンソールに**ルートユーザー**としてログインすることができます。

ルートユーザー

　ルートユーザーはそのアカウントにおける管理者ユーザーであり、アカウント内のあらゆるリソースに対するあらゆる操作が可能です。

　AWSは、サポートプランの変更、支払いオプションの変更、請求情報の参照といった、ルートユーザーとしてのみ実行することができるタスクを除き、日常的なタスクはIAMユーザーを使用することを強く推奨しています。

AWS Identity and Access Management (IAM) の概要

　IAMでは、AWSアカウントの中に複数のユーザーなどを定義し、必要な権限を割り当てて、ユーザーが利用できるサービスを細かく制御することができます。

　IAMでは、「IAMユーザー」「IAMグループ」「IAMロール」というものを定義することができます。また、「IAMポリシー」をアタッチすることができます。順に説明していきましょう。

IAMユーザー

　たとえば、ある部署で1つのAWSアカウントを開設し、実際にはその部署の10人のメンバーがAWSを使用する場合、AWSアカウント

内に 10 の IAM ユーザーを作成して、メンバーに割り当てることができます。IAM ユーザーは、それぞれ異なるユーザー名とパスワードを持ちます。各メンバーは、自分のユーザー名とパスワードを使用して、AWS マネジメントコンソールにログインすることができます。

1 アカウント内に最大 5,000 の IAM ユーザーを作ることができます。

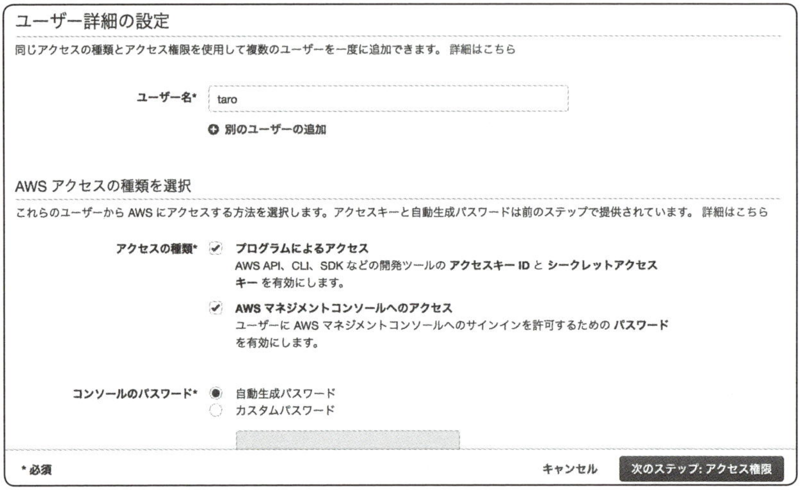

図6-3：IAMユーザーの作成

IAMポリシー

IAM ユーザーには、**IAM ポリシー**をアタッチすることができます（図 6-4）。IAM ポリシーは、AWS のサービスに対するアクション（操作）を許可（Allow）／拒否（Deny）する、という文が含まれています。たとえば、「Amazon Elastic Compute Cloud（Amazon EC2）の全操作を許可」「Amazon DynamoDB（DynamoDB）の読み取り操作を許可」といった IAM ポリシーを定義して、IAM ユーザーにアタッチすることで、IAM ユーザーが行うことができる操作を制限することができます。

158　第6章　AWS導入のメリットその4—セキュリティの考え方—

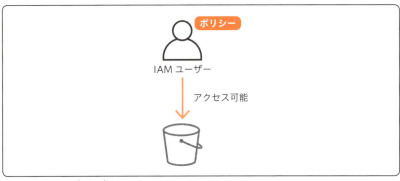

図6-4：IAMユーザーとポリシー

　IAMポリシーの実体はJSON（JavaScript Object Notation）ドキュメントです。たとえば図6-5のIAMポリシーの例では、EC2の全操作を許可しています。

```
{
    "Version": "2012-10-17",
    "Statement": [
        {
            "Sid": "VisualEditor0",
            "Effect": "Allow",
            "Action": "ec2:*",
            "Resource": "*"
        }
    ]
}
```

図6-5：IAMポリシーの例

　IAMポリシーは、マネジメントコンソール内の「ビジュアルエディタ」を使用して定義することができます。

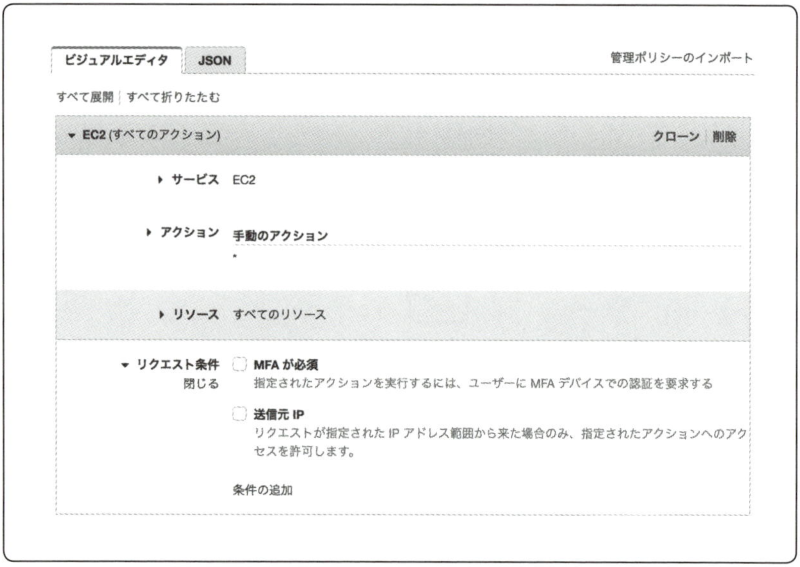

図6-5：ビジュアルエディタ

IAMグループ

　IAMユーザーの数が多くなってくると、一人ひとりのIAMユーザーに適切なポリシーを設定することが困難になってきます。そこで、**IAMグループ**を活用しましょう（図6-6）。

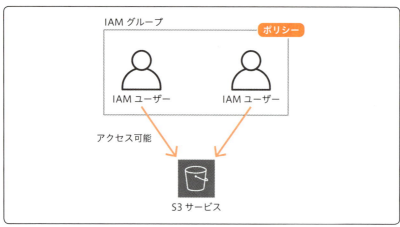

図6-7：IAMグループ

IAMグループを作ると、そこにもIAMポリシーをアタッチすることができます。そして、IAMグループにIAMユーザーを所属させることができます。すると、IAMグループに所属するユーザーに、IAMグループのポリシーが適用されます。この仕組みにより、ユーザーの権限管理をより楽に行うことができるようになります。

　たとえば、管理者グループ、開発者グループ、テスト担当者グループ、といったIAMグループを作ることができます。1アカウント内に最大300のIAMグループを作ることができます。

IAMロール

　IAMロールを作成すると、IAMポリシーをアタッチすることができます。IAMロールのさまざまな使い方のうち、ここでは主な使い方を2通り紹介します（図6-8）。

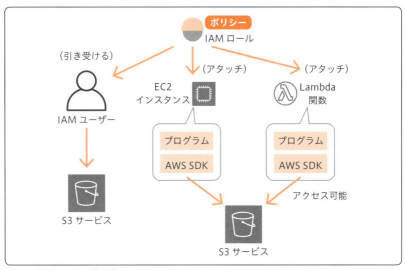

図6-8：IAMロールの使い方

IAMユーザーがIAMロールを「引き受ける」

　IAMユーザーは、一時的にIAMロールを「引き受ける」ことがで

きます。この間、IAM ユーザーは、IAM ロールの持っている IAM ポリシーの権限に基づいて AWS を操作できるようになります。

　たとえば、「管理者」の IAM ロールを作り、管理者として必要な操作権限を IAM ポリシーで定義し、IAM ロールにアタッチしておきます。IAM ユーザーは、IAM ロールを「引き受ける」ことで、その間、管理者権限を使用した操作が可能となります。必要な作業が終わったら、元の IAM ユーザーに戻る（IAM ロールの「引き受け」を終了する）ことができます。

EC2 インスタンスや Lambda 関数に IAM ロールを「アタッチする」

　EC2 インスタンスや Lambda 関数の中でプログラムを実行することができます。そのプログラムが、Amazon Simple Storage Service（Amazon S3）や DynamoDB にアクセスする場合、**プログラムが S3 や DynamoDB にアクセスする権限**が必要となります。この権限を、IAM ロール経由で与えることができます。

162　第6章 │ AWS導入のメリットその4—セキュリティの考え方—

6-4

セキュリティのベストプラクティス

実際に AWS を使用する上でのセキュリティのベストプラクティスについては、AWS のホワイトペーパーをぜひ参照してください。

● 「AWSセキュリティのベストプラクティス」ホワイトペーパー

https://d1.awsstatic.com/whitepapers/ja_JP/Security/AWS_Security_Best_Practices.pdf

ここでは、最も基本的なアカウント保護の対策として、「MFA（Multi Factor Authentication、多要素認証）を導入する」「IAMユーザーなどに最小の権限を与える」の2点を紹介します。

MFAを導入する

たとえばマネジメントコンソールにログインする際に、ユーザー名とパスワードに加え、事前にセットアップした **MFA デバイス**に表示される認証コードを入力するように設定することができます。つまり、パスワードという第1の鍵に加え、MFA デバイスという第2の鍵を使って、アカウントを保護することができます。

万が一、パスワードの流出などにより、第三者にパスワードを知られてしまったとしても、対応する MFA デバイスがなければ、マネジメントコンソールにログインすることは極めて困難となります。

アカウントのルートユーザーや、管理者権限を持つ IAM ユーザーに対して、MFA を導入することが強く推奨されています。MFA デバイスは、Amazon.com などで購入できる物理的なデバイスと、モバイルアプリ版の仮想 MFA デバイスを利用できます。

IAMユーザーなどに最小の権限を与える

　AMユーザー・IAMグループ・IAMロールには、必要最低限の権限（IAMポリシー）を付与するようにしてください。たとえば、IAMユーザーの作業のために必要な最小の権限を割り当てるようにし、その後必要に応じて、追加の権限を割り当てていきます。

　また、IAMユーザーが最後にアクセスしたサービスとその時間は「アクセスアドバイザー」（図6-9）から調べることができます。管理者は、この機能を使用して、ユーザーに割り当てられているが実際には使用されていない不要な権限を発見し、権限を取り除くことができます。

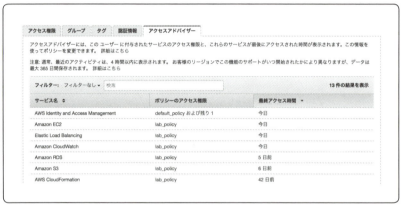

図6-9：アクセスアドバイザー

第**7**章

新しいテクノロジーへの取り組みとクラウドネイティブ開発

―これからの時代に求められるスキルと人材―

クラウドは、従来型のITを進化させるだけではなく、
さまざまな技術を取り込みながら進化を続けています。
そして、新しい技術をより身近にすぐ使えるようになることで、
ITに携わる人たちのチャレンジを促進していきます。
この章では、最新の技術やアプリケーション開発トレンド、
そしてクラウドを学ぶ人たちの
学習スタイルなどについてお伝えします。

7-1 新しい技術トレンドへの対応

　機械学習や AI は、我々の日々の生活やさまざまなビジネスに、これからも大きな影響を与えていきます。

　また、IoT（Internet of Things）と関連するテクノロジーの発達に伴い、今まで以上に多くのデバイスがインターネットにつながることで、より価値の高い体験をユーザーに与えることができるようになります。

機械学習やIoTを実現させるサービス

　新しい技術や新しいアイデアへ取り組む開発には、困難が付きまといます。新しいアイデアを具現化していくうちに、方向転換を迫られたり、方針の見直しなどが発生します。

　クラウドで構築された開発環境では、その度に必要な規模に伸縮し、またその形を変えていくことができます。従量課金であり、利用を停止すれば課金がその時点で止まる特性を持ちます。このため、構築済みの基盤に縛られることなく、いつでも新しい開発に挑むことができるのです。そして Amazon Web Services（AWS）は、さまざまなサービスを組み合わせることで、開発効率の向上を実現します。

　ここでは、その一例として、機械学習の学習基盤を提供する Amazon SageMaker と、IoT の実現させる基盤である AWS IoT について紹介します。

Amazon SageMaker

　Amazon SageMaker は、機械学習のワークフロー全体をカバーする完全マネージド型サービスです。Amazon SageMaker により、すべての開発者とデータサイエンティストに機械学習モデルの構築、トレーニング、デプロイ手段を提供します。たとえば機械学習では、

Jupyter Notebook というツールを利用して開発環境を構築すること
が多いのですが、SageMaker では Jupyter Notebook を即座に利用
できるので環境構築の手間がありません。また、開発の成果として得ら
れた推論モデルを実際のシステムに組み込む作業も不要です。
SageMaker が推論モデルの API を自動で作成するため、開発者は従
来組み込み作業にかけていた時間を大幅に短縮することが可能となりま
す。そのため、機械学習のナレッジを持った稀少なデータサイエンティ
ストや機械学習を志す開発者が、データ操作やアルゴリズムの構築など、
より価値の高い作業に集中することができるようになります。

AWS IoT

AWS IoT は、エッジからクラウドまでの広範で層の厚い機能が用意
されており、幅広いデバイスにわたりほぼすべてのユースケースで IoT
ソリューションを構築できます。包括的なセキュリティ機能が備わって
おり、予防的なセキュリティポリシーの作成や、潜在的なセキュリティ
問題に対する迅速な対応が可能となります。

機械学習やIoTの技術特性

上記の 2 つのサービスは、AWS の基本原則に従い従量課金で提供さ
れます。このため、開発者はいつでもサービスを利用し、そしてその利
用を取りやめることができます。基本的な機能はそろっているため、ア
ルゴリズムやデータの考察などより価値の高い作業にフォーカスするこ
とができます。データという観点から、先ほどの機械学習や IoT の技
術特性を見ていきましょう。

● 機械学習

蓄積されたデータを利用して学習を行い、学習結果として推論を行う
モデルを生成します。一般的に学習対象データが増えれば増えるほど、
生成される推論モデルは精度が高まります。

● IoT

ハードウェアや通信環境の向上とともにより複雑な処理が実現できるようになり、さらに大量かつ複雑なデータを出力するようになります。それらはクラウドに蓄積され、機械学習により学習され、その結果として生成された推論アルゴリズムは IoT のデバイスで稼働し、より多くのインタラクティブな機能をユーザーに提供することができます。

機械学習やIoTのデータ蓄積

機械学習や IoT は、データを中心に間接的につながっていることがわかります。では、データはそもそもなぜ蓄積する必要があるのでしょうか？ それは再利用（分析や学習）される可能性があるためです。

機械学習のアルゴリズムはこれからも進化していきます。ただし、いくら良いアルゴリズムが生まれたとしても、データがなければ意味を成しません。データがあって初めて、機械学習は有益な知見を得ることのできる推論モデルがアルゴリズムにより生成されます。すなわち、データ自体がよりその価値を増す時代が訪れていることを意味しています。そして、従来は不要と思われていたデータが新しい価値につながる可能性が日々増しています。皆さんが普段携わっているビジネスが創出するデータこそが、新しい価値を生み出し次のビジネスにつながっていくため、大量のデータを１か所にまとめて、より効率よく保存していく仕組みが必要です。これが、「データレイク」と呼ばれるものです。

データレイク

機械学習や、IoT など新しい技術への取り組みを支える、クラウドにデータを蓄積する際に有効だといわれている考え方の１つに「データレイク」があります。データレイクとは、一度すべてのデータを捨てずにそのままの状態でストレージに蓄積し、必要に応じて整形を行い利用する、という考え方です。その基本はシンプルですが、クラウドならではの秘訣もあります。

従来型のITを前提とした考え方であれば、データベースやデータウェアハウスなどの分析や機械学習を行う環境が必要になります。しかし、これらを実現する環境は一般的に高価なものであり、計算対象のデータ量が増えれば増えるほど、計算に必要となるCPUやメモリのリソースは増え、計算にかかる時間は増えていきます。クラウドを使うことでそのコスト効率は改善可能ですが、単純に同じやり方を継続すれば、程度の差はあるものの、同様の課題はまだ残ります。

データの保存場所と分析や学習基盤を分ける

　さらに、この考え方を少し違う視点で見てみましょう。先ほど述べたとおり、データは1か所にまとめられれば利便性が向上します。しかし、そのデータに対して行われる分析は千差万別です。常にすべての分析においてすべてのデータが使われるわけではありません。であれば、データの保存場所と高価なコンピュートリソースを必要とする分析や学習基盤を分けてしまう方が効率的です。

　第4章で紹介したAWSのAmazon Simple Storage Service（Amazon S3）は、安価に、そして安定して利用できるストレージのサービスです。そこにデータを一度まとめて保存します。そしてクラウドの特性を生かし、分析や学習を行うときだけその基盤を構築し必要なデータをS3から取り出して使う、ということを実現します。

　AWSでは、ストレージからデータを効率よく取り出すことができる多くのマネージドサービスを提供しています。代表的なものとしてここでは、Amazon Athena と AWS Glue の2つを紹介します。

Amazon Athena

　Amazon Athena はインタラクティブなクエリサービスで、S3内のデータを標準SQLを使用して簡単に分析できるようになります。これにより、S3に対して、データを検索し取り出すコマンド（SQL）を発行することができます。これにより、S3に格納されているデータのう

169

ち、特定の文字列を持つものや特定のファイル名を持つデータなどを一時的に抽出することができます。このサービスはサーバーレス型で提供されるので、カスタマーはデータベースを構築することなくコマンドをいつでも発行することができ、同様の作業を行うサーバーを常時維持していくことに比べて、一般的にコスト効率が高くなります。

AWS Glue

フルマネージド型で従量制を採用した、データの抽出、変換、必要な基盤へデータのロードを行うためのサービスです。分析用にデータを準備するという時間のかかるステップを自動化できます。

コスト効率の高いデータ運用

ここではたとえば、人の存在を検知するセンサーと連携したIoTデバイスについて考えてみましょう。IoTのデバイスは一般的に大量に接続されるケースを想定するため、可能な限り通信量やデータ量を減らす工夫が施されます。たとえば正常の際には「1」という数字だけが出力され、異常なときのみその異常を伝えるなるべく詳しいデータが出力される、という仕組みがあると仮定します。この場合、分析を行う前に正常なときのデータと異常なときのデータの形をそろえる必要があります。この作業をIT用語でETL（Extract：取り出し、Transform：変換、Load：読み込み）といいます。Glueを使えばこのデータ整形作業が必要なときにのみ行われ、データ整形作業を行わない時間は費用の支払いが不要です。

そしてこれらのサービスを使い抽出されたデータをより高度な分析や学習基盤に投入していく、という使い方を実現できます。もちろん、分析や学習に使われる基盤も必要なときだけ、ITリソースを動的に構築し利用する、といったことが可能です。

この仕組みを上手に活用していくことで、より費用効率の高いIT基盤を構築し、従来より大量のデータを取り扱うことが可能となります。

7-2 クラウド時代に必要なスキルと学習環境

　クラウドコンピューティングでは、初期費用無償・従量課金でITリソースをサービスとして利用可能です。そのため、クラウドを利用するカスタマーは、長期にわたる契約なしに、必要なときに必要なだけITリソースを利用できます。これと同時に、ユーザーは、利用するサービスをいつでも変更することがきる、という大きな自由を手にします。AWSのサービスは、サーバー、データベース、ストレージ、ネットワークだけでなく、機械学習やIoTのプラットフォーム、ブロックチェーンデータベースなどを、カスタマーが必要としている多くの技術を、日々の対話をもとに取り込んで成長しています。

求められるスキル

　技術という側面から今まで以上にサービスに対して、新しい機能を追加したり、ユーザーエクスペリエンスを向上させたりするなどが可能となり、そのサービスが支えているビジネスに今まで以上に貢献できるようになります。そして、世界最先端のテクノロジーをすぐに自社ビジネスに組み込むことができます。これが可能なのはエンジニアの技術力があってこそなので、ビジネスにおけるエンジニアの重要性がこれまでよりも高まってきます。つまり、エンジニアはこれまで以上に重要な存在となっていくことが予想されます。

　IT基盤にクラウドを利用した場合、そのIT基盤は日々進化し、新しいサービスが増え、新しい技術が利用可能となっていきます。これらの新しい技術について学び、その内容を把握したのち、自身が抱えるビジネス課題の解決に使えるのか否か、そしてそのビジネスが競争力を維持し続けられるのかをすばやく判断していくことが、ITの活用においてクラウドが当たり前になった時代に求められるスキルとなります。

クラウド時代の学習環境

　多くのユーザーの声が取り込まれ、クラウドはこれからも成長していきます。で、エンジニアが学ぶべき内容は増え続けるのでしょうか。必ずしもそうではありません。多くの技術を取り込みながら、その一方でクラウドは多くのものを抽象化していきます（図7-1）。クラウドを活用すれば、本質的なビジネスロジックの実現にフォーカスすることができます。

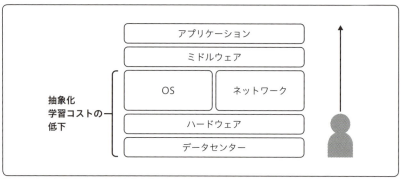

図7-1：クラウドは多くのものを抽象化

　機械学習やIoTなど、最新テクノロジーにおいても同様です。機械学習環境を構築するための詳細なチューニング手法を用いなくても、問題のベストな解決方法を模索し実装することにフォーカスできます。IoTの場合は、利用される通信プロトコルを扱うための基盤を再開発したり構築したりする必要は無く、あらかじめ実装済みの環境が利用可能です。そうして、エンジニアは本質的な機能に集中して学習を行うことが可能となり、その学習効率を向上させる効能をクラウドは提供します。

　学習環境も安価にすぐさま手に入れることができるため、従来調査にかけていた時間を短縮させることが可能です。まず、試してみながらその技術特性を把握し、それが自社ビジネスの課題解決に役に立つかどうかをすばやく判断します。そして、よりビジネスの成果にフォーカスしていくという人材が、今度のクラウドがITの活用において当たり前になる時代に求められ、より多くの活躍の場が用意されていきます。

付録 A

AWSの利用にあたって

A.1 料金について

　Amazon Web Services（AWS）は従量課金であるため、その見積もり方法は専用ツールを使うことをおすすめしています。たとえば、Amazon Elastic Compute Cloud（Amazon EC2）でサーバーをオンデマンドプラン[注1] で 1 台構築する場合、その見積もり内容は大きく3 つに分かれます。

● CPU およびメモリ

　無償の Linux ディストリビューションであれば、1 秒単位、Windowsであれば 1 時間単位で課金されます。

● データ保存用ストレージ

　Amazon Elastic Block Store（Amazon EBS）は確保された容量につき 1GB 単位で月額課金されます。

● 通信費用

　インターネットからのデータアップロードは無償ですが、データダウンロードは 1GB 単位で課金されます。

ピークと課金

　従量課金の一番大事な考え方として、あらかじめピークを見越した占有リソースを確保してしまうと、費用に無駄が生じるため、なるべく使用した分のみ課金を行う、という原則があります。そのため、サーバーの項目についても技術特性ごとにこのように分かれてしまいます。

注1　Amazon EC2 インスタンスの支払い方法は 4 つあり、利用方法によって選択可能です。詳細は https://aws.amazon.com/jp/ec2/pricing/ で確認してください。

通信費用を例にとると、サーバーが常に通信可能な帯域を 1GB 確保した場合、そのサーバーはピークでも 1GB しか通信できません。それ以外の時間は 1GB 未満の通信量となるにもかかわらず、支払いは 1GB の通信帯域を常時確保していることになります。消費されていないリソースに対して費用が発生してしまうため、無駄が発生しやすくなり、またピークに弱いシステムとなってしまいます。従量課金はこの問題を解決します。

利用量を把握した見積もりとツール類

AWS の見積もりにおいて一番大事なことは、**後でいくらでも変更できる**ということです。そして負荷が高いときに短期的にそのリソースを増強できるということです。

このため、既存システムを AWS に移設する場合、現在利用している CPU やメモリ、ストレージ、通信帯域をベースに見積もるのではなく、普段の利用量、そしてピーク時の利用量を把握したのち見積もることが大切です。

これらが把握できた後は、専用ツール（https://calculator.s3.amazonaws.com/index.html）を利用して見積もりを作成します。必要な CPU、メモリ、OS、ストレージ容量、月間の想定通信量を入力すればおおよその見積もりが完成します。

また、以下の資料や説明動画も準備されているので合わせて参考にしてください。

● 見積もりハンズオン

https://pages.awscloud.com/AWSQuotationHandson.html

● TOC の正しい考え方

https://pages.awscloud.com/AWSTCOHandson.html

A.2 さらに情報を入手するには

AWS では、初心者の方から、より深くサービスを知りたい方まで、自身で学習・体験できるさまざまなサービスを提供しています。それぞれの学習スタイルにあったリソースを活用して、理解を深めましょう。

リソースセンターで情報を入手

AWS の学習を開始するためには、**ご利用開始のためのリソースセンター**を利用してください。

- **ご利用開始のためのリソースセンター**

　https://aws.amazon.com/jp/getting-started/

主要な概念から初心者向けのチュートリアルまで、AWS で構築を開始するために必要な情報が見つかります。AWS を開始するためのチュートリアル、プロジェクト、ビデオを見ることができます（図 A2-1）。

図A2-1：ご利用開始のためのリソースセンター

たとえば、**チュートリアル**「Linux 仮想マシンの起動」では、AWS 無料利用枠内で利用することができ、EC2 で Linux 仮想マシンを正常に起動する方法をステップバイステップで説明しています（図 A2-2）。

図A2-2：チュートリアル「Linux 仮想マシンの起動」

各サービスのドキュメント

AWS の各サービスの詳細は **AWS ドキュメント**にまとめられています（図 A2-3）。

● **AWS ドキュメント**

https://docs.aws.amazon.com/index.html

図A2-3：AWSドキュメント

　ドキュメントには、初心者向けの「入門ガイド」や、開発者向けの「開発者ガイド」、サービスを AWS コマンドから利用するための「CLI リファレンス」などが含まれています。

AWS Black Belt Online Seminar

　オンラインセミナー **Black Belt Online Seminar** は、製品・サービス別、ソリューション別、業種別のそれぞれのテーマで提供するオンラインセミナーシリーズです。全国どこからでも、インターネット環境があれば視聴可能です。

　下記のサイトで、セミナーへの申込み、過去のセミナーの動画やスライドの確認ができます。

● **AWS クラウドサービス活用資料集**

https://aws.amazon.com/jp/aws-jp-introduction/

AWSイベント

　AWS のイベントにも、ぜひ参加してください。AWS Summit や

AWS Innovate のような大規模イベントや、個別相談会、オンラインセミナー等、年間を通じて各種イベントが開催されています。スケジュールは随時アップデートされます。詳細はウェブサイトで確認してください。

● はじめてのアマゾンウェブサービス

AWS がどのような強みを持っており、どのようなサービスを提供し、どのような課題を解決するのか、AWS を採用するメリットから最新事例まで、詳しく具体的に紹介します。

● AWSome Day

AWS クラウドジャーニーのはじめの一歩として、AWS に関する基礎知識を 1 日で体系的に学ぶ無償のトレーニングイベントです。AWS テクニカルインストラクターが主導するセッションを通じて、コンピューティング、ストレージ、データベース、ネットワークといった AWS の主要なサービスを段階的に学ぶことができます。

実際に足を運んでいただく 1 日の AWSome Day の内容を凝縮した、オンライン版 AWSome Day も開催しています。

● AWS 個別相談会

AWS の導入を検討されている方向けに、事例、料金、技術等に関する個別相談会を開催しています。Web のプレゼンテーションツールや、お電話を活用したリモートでの相談も可能です。

● AWS Well Architected 個別技術相談会

AWS のベストプラクティスに基づき作成された「Well-Architected フレームワーク」をもとに、今までカスタマーが気付かなかったリスクや AWS 活用の改善点を見つけることができます。

● 国内のクラウドセミナー・イベントスケジュール

https://aws.amazon.com/jp/about-aws/events/

A.3 AWS公式トレーニング

AWSのトレーニングには、有償のクラスルームトレーニングと無償のデジタルトレーニングが用意されています。どちらも、AWS認定インストラクターによる講義で、レベルや役割に応じたコースを受講できます。

● AWS トレーニングの概要

https://aws.amazon.com/training/course-descriptions

クラスルームトレーニング

深い技術的な専門知識を持ったAWSの認定インストラクターが、直接指導を行います（表A3-1）。

コース名	レベル	日数	概要
AWS Technical Essentials 1	初級	1	Amazon EC2、Amazon S3、Auto Scaling、Elastic Load Balancing（ELB）といった、AWSの基盤サービスを学習することができます。
AWS Technical Essentials 2	初級	1	ラボ（演習）を中心としたコースです。AWS Technical Essentials 1で学習した知識を活用し、実際にAWSクラウド上にウェブサイトを構築することができます。
Architecting on AWS	中級	3	AWSプラットフォームでITインフラストラクチャを構築するための基礎を扱います。
Developing on AWS	中級	3	AWS SDKを使用して安全でスケーラブルなクラウドアプリケーションを開発する方法について学習します。
Systems Operations on AWS	中級	3	ネットワークやシステムに関する自動化や繰り返しが可能なデプロイをAWSプラットフォームで作成する方法を学習します。

表A3-1：初級〜中級向けのクラスルームトレーニング[注2]

注2　各コース1日 70,000円（税別）

180　付録A.3 │ AWS公式トレーニング

初級コースから、専門知識レベルまで、役割や必要な知識に応じたコースが提供されており、短期間で集中的に知識を身に付けたい方におすすめです。

　初心者向けコース「Technical Essentials 1」では、Amazon EC2、Amazon S3、Auto Scaling、ELBといった、AWSの基盤サービスを学習します。

デジタルトレーニング

　AWS認定インストラクターによる各種解説を、無料で視聴できるオンライントレーニングです（図A3-1）。AWSの基本的な考え方や主要サービスを数時間かけて学習するコースから、個別のサービスや機能を数分にまとめたものまで、用途に応じて活用いただけます。

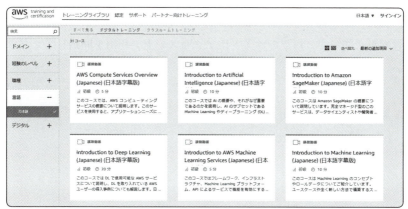

図A3-1：デジタルトレーニング

　英語ではすでに数百を超えるコースが提供されており、日本語化も順次進んでいます。

おすすめのデジタルトレーニングコース

● **AWS Cloud Practitioner Essentials（AWS クラウドプラクティショナーの基礎知識）**

技術者に限らず、AWS におけるクラウドについて全体的に理解したい方を対象とした内容です。クラウドの概念、AWS の代表的なサービス、セキュリティ、アーキテクチャ、料金とサポートに関する概要を解説します。

● **AWS Well-Architected Training（AWS による優れた設計トレーニング）**

AWS による優れた設計のフレームワークとその 5 つの柱について説明するコースです。AWS を使った設計の考え方を理解したい方に最適です。

デジタルトレーニングの視聴には、AWS トレーニングのアカウント登録が必要です。以下のサイトにアクセスの上、利用を開始してください。

● **AWS Training and Certification**

https://www.aws.training/

A.4 AWS認定

AWS認定は、取得者がAWSに関する専門知識を有していることを証明する認定資格です。レベル別、役割別の認定が提供されており、試験に合格することで認定を得ることができます（図A4-1）。

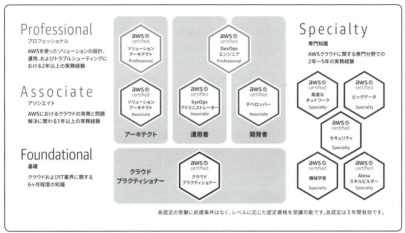

図A4-1：AWS認定

● **AWS認定**

https://aws.amazon.com/certification/

AWSの学習をしていく中での、1つの目標としてAWS認定の取得を活用することができます。基礎、アソシエイト、プロフェッショナル、および専門知識と、体系立ててスキルを積み上げていくことができます。本書を読まれた方は、まず、基礎レベルの「AWS認定 クラウドプラクティショナー」を目指すことをおすすめします（表A4-1）。

各個人の認定は、AWS認定専用アカウントで管理されます。専用アカウントを作成し、受験の申し込みを進めてください。

各認定試験の受験に前提条件はありません。レベルに応じた認定資格

を受験可能です。各認定は 3 年間有効です。再認定を受けるためには、3 年以内に同試験もしくは上位レベルの試験に合格する必要があります。

認定試験名	レベル	詳細
クラウドプラクティショナー	基礎	対象：AWSによるクラウドの基礎知識を身に付け、効果的に説明できる方 試験時間：90分 受験料：11,000円（税別）
ソリューションアーキテクト – アソシエイト	中級	対象：AWS上での分散システムの設計に関して、1年以上の実務経験がある方 試験時間：130分 受験料：15,000円（税別）
デベロッパー – アソシエイト	中級	対象：AWSベースのアプリケーション開発および保守に関して1年以上の実務経験がある方 試験時間：130分 受験料：15,000円（税別）
SysOps アドミニストレーター – アソシエイト	中級	対象：AWSベースのアプリケーションの運用に関して1年以上の実務経験を持つ方 試験時間：130分 受験料：15,000円（税別）

表A4-1：基礎〜中級レベルのAWS認定

特典

AWS 認定を取得すると、以下のような特典を受けることができます。

● デジタルバッジ、ロゴの利用

認定試験ごとに名刺や E メールの署名等で使える、ロゴやデジタルバッジが付与され、自身のスキルの証明に利用可能です。

● 試験の割引

再認定試験を含むすべての試験に適用可能な 50％の割引バウチャーと模擬試験の無料バウチャーが付与されます。

● イベントでの優遇

AWS Summit 等のイベントで、認定者限定のラウンジやオリジナルグッズの提供を受けることができます。

受験について

　全国の PSI およびピアソン VUE の会場で受験可能です。希望する日時（土日を含む）・場所を選択し、受験日を決定します。

　AWS 認定試験の受験には、AWS 認定専用のアカウント登録が必要です。以下のサイトよりアクセスの上、申し込みを開始してください。AWS 認定取得後の特典等の管理も、同アカウントにて行います。

● AWS Certification

https://www.aws.training/certification

初学者におすすめのAWS認定資格

　これから AWS の学習、利用を始める方には、**AWS 認定 クラウドプラクティショナー**がおすすめです。AWS クラウドの基礎知識を身に付け、全体的な理解を説明できることを証明する認定です。サービスやユースケースだけでなく、セキュリティや料金モデル等の基本知識を網羅した内容で、エンジニアのみならず、営業職、プリセールス職、学生まで幅広い方々を対象にしています。試験の概要は表 A4-2 のとおりです。

● AWS 認定 クラウドプラクティショナー

https://aws.amazon.com/certification/certified-cloud-practitioner/

分野	試験における比重
分野 1: クラウドの概念	28%
分野 2: セキュリティ	24%
分野 3: テクノロジー	36%
分野 4: 請求と料金	12%

表A4-2：クラウドプラクティショナー試験の概要

A.5 AWSのアカウント開設

　AWS のアカウント開設は、オンラインショッピングで物を買うかのように気軽に行うことが可能です。従来型の IT サービスや、サーバーなどのハードウェア購入のときのような、見積書、注文書、請求書、契約書などや、長期にわたる利用契約などは不要です。

　アカウント開設には以下の 3 つがまず必要になります。

- クレジットカード
- 住所・電話番号
- メールアドレス

AWSアカウントの作成

　以下の URL にアクセスして、そのページの上部タイトルおよび、末尾に設置されているオレンジ色のアカウント作成ボタンよりサインアップ画面へ移動します（図 A5-1）。

- https://aws.amazon.com/register-flow/

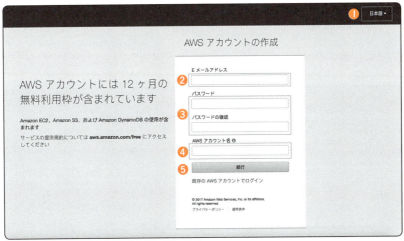

図A5-1：AWSアカウントの作成

　AWS アカウント作成ページ右上①の言語選択ボックスが、「日本語」でない場合は「日本語」を選択した後、図 A5-1 サインアップ画面へ進んでください。

　最初に AWS アカウントとなる情報を設定します。

　②の「E メールアドレス」には、AWS へのログインに利用したいメールアドレスを設定します[注3]。

　③の「パスワード」および「パスワードの確認」で AWS へのログイン時に使用するパスワードを設定し、さらに確認用にもう一度同じパスワードを入力します。

　④の「AWS アカウント名」テキストボックスに、名前を半角アルファベットで入力します。

　②～④の入力ができたら、⑤の「続行」ボタンをクリックします。

注3　登録したメールアドレスは、AWS 側からの通知などにも利用されます。複数の方への通知が必要な場合は、メーリングリストの利用を検討ください。

連絡先情報

次に、カスタマーの情報を登録します（図A5-2）。

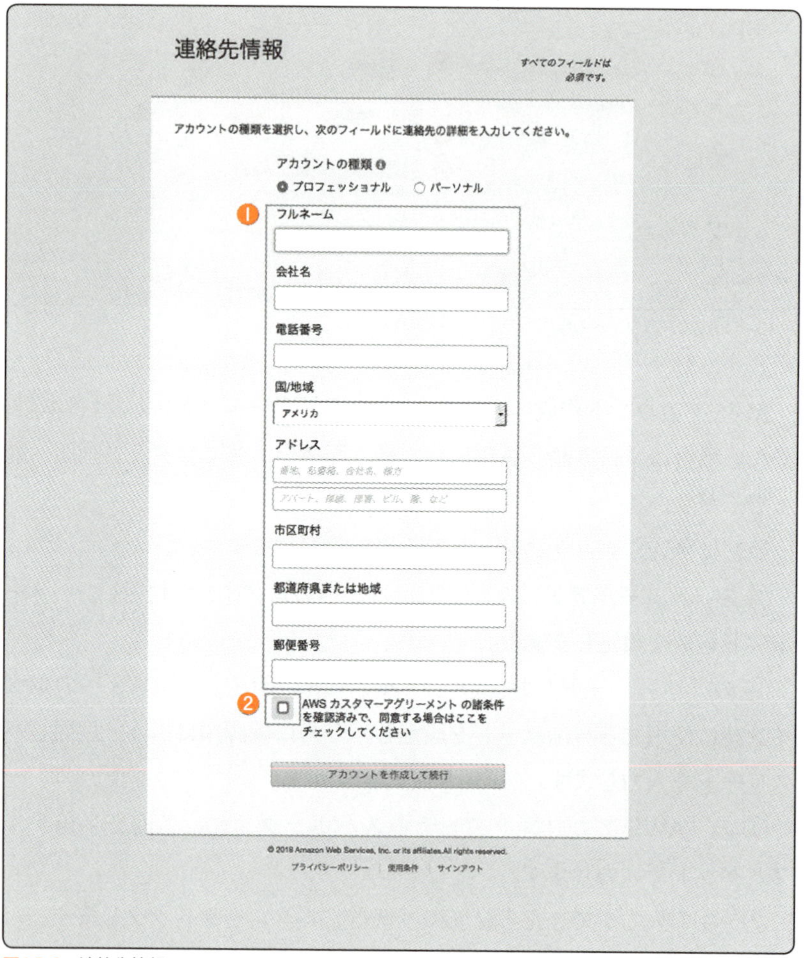

図A5-2：連絡先情報

画面右上の言語選択ボックスが「日本語」でない場合は、「日本語」を選択してください。

カスタマーの情報を入力します。アカウントの種類は、法人利用であれば、「プロフェッショナル」、個人利用であれば「パーソナル」を選択

188　付録A.5│AWSのアカウント開設

します。

①の入力欄は、すべて「半角アルファベットおよび半角数字」で入力してください。入力が必要な情報は以下です。

● **フルネーム**（必須）

フルネームを入力します。

● **会社名**（任意）

会社名を入力します。

● **電話番号**（必須）

電話番号をハイフン・記号なしで入力します。

（例：0312345678）

● **国**（必須）

国情報を選択します。

● **アドレス**（必須）

住所の番地、建物名などを入力します。

● **市区町村**（必須）

住所の市区町村名を入力します。

● **都道府県または地域**（必須）

住所の都道府県名を入力します。

● **郵便番号**（必須）

住所の郵便番号をハイフン付きで入力します（例：153-0064）。

　AWS カスタマーアグリーメント（利用規約）に同意の上、②のチェックボックスをクリックしてください。

　すべて入力が終わったら、「アカウントを作成して続行」ボタンをクリックしてください。

支払情報

次に、クレジットカード／デビットカードの情報登録を行います（図A5-3）。

新規申込みの場合は1年間の無料利用枠が利用可能です。AWSアカウント作成や、無料利用枠内のみの利用で請求が行われることはありません。

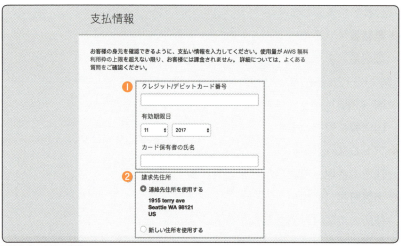

図A5-3：支払い情報

①の入力欄に有効なクレジット／デビットカードの情報を入力します。

②の選択欄で請求先住所を選択します。前のステップで入力した住所と同様の場合は、「連絡先住所を使用する」を選択します。

アカウント作成時に入力した住所と異なる請求先とする場合は、「新しい住所を使用する」を選択して、請求先住所を入力してください。

すべて入力が終ったら、「次へ」ボタンをクリックします。

本人確認

新規作成したアカウントの本人確認を行います（図A5-4）。電話（自動音声）または、テキストメッセージ（SMS）による認証を選べます。

図A5-4：アカウントの本人確認

　入力した電話番号に、日本語の自動音声による検証コードの入力を求める確認電話または SMS が直ちに届きます。

　①で検証コードの受け取り方法を選択します。

　国またはリージョンコードで日本または会社所在の国を選択し、この場で連絡を受けることができる電話番号を ② にハイフン・記号なしで入力します（例：03-1234-5678 の場合、0312345678）。

　セキュリティチェックのため、③のセキュリティチェック文字列として表示された英数字を入力します。

　④の「お問い合わせください」ボタンをクリックします。

　以下の点に注意してください。

- 携帯電話などで非通知の着信拒否設定を行っている場合は、着信拒否設定の解除が必要です。オレンジのボタンをクリックする前に、必ず電話がかかる状態にしておいてください。
- ④のボタンをクリックすると、即座に音声電話またはSMSが届きます。②の電話番号入力欄にはすぐに着信を受け取れる電話番号を入力してください。
- 国またはリージョンコードの選択を誤ると電話がかかってきません。必ず正しい国またはコードを選択の上、ハイフンなしで電話番号を入力してください。

認証コードの入力

音声電話またはSMSで4桁の検証コードが届きます（図A5-5）。

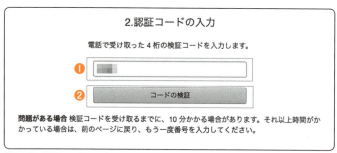

図A5-5：認証コードの入力

　検証コードが音声電話またはSMSで届いたら、①の入力欄に連絡されてきた検証コードを入力し、②の「コードの検証」ボタンをクリックします。

　画面が自動的に切り替わり、本人確認は完了となりますので、「続行」ボタンをクリックします。

サポートプランの選択

最後に AWS のサポートプラン[注4] の選択を行います（図 A5-6）。

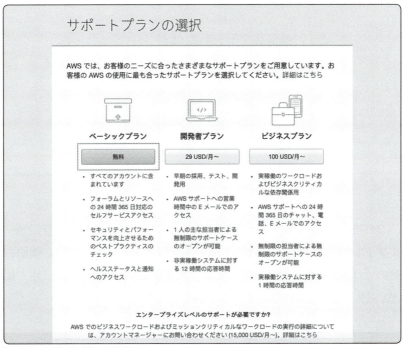

図A5-7：サポートプランの選択

　特に有償のサポートを現時点で必要としていない場合は、無料のボタンをクリックします。サポートプランは後でいつでも変更ができます。この本を手に取り、初めて AWS を利用されようとしている場合、無料の「ベーシックプラン」の選択をおすすめします。

　それ以外の、「開発者プラン」「ビジネスプラン」「エンタープライズプラン」のいずれかを選択した場合、月額最低サポート料金が加入時に請求されます。

注4　AWS では 4 種類のサポートプランを提供しています。詳細は https://aws.amazon.com/premiumsupport/compare-plans/ で確認してください。

図A5-8：AWS アカウントの作成が完了

　これで、AWS アカウントの作成が完了です。数分ほどで、登録メールアドレス宛に確認のための E メールが届きます（図 A5-8）。画面右側の「コンソールにサインインする」ボタンをクリックすると、すぐにAWS クラウドを使用開始することができます。

Column　AWSの無料利用枠

　AWS には、3 種類の無料利用枠が存在しています。

● 12か月間無料

　AWS の新規のカスタマーのみが対象であり、AWS にサインアップした日から 12 か月間利用できます。12 か月間の無料利用の有効期限が切れた場合、またはアプリケーション使用量が無料利用枠を超えた場合は、標準の料金、つまり従量課金制での支払いとなります。

● 無期限無料

　AWS は 165 を超えるサービス（2019 年 8 月現在）を提供していますが、多くのサービスに無期限の無料利用枠が存在しています。各サービスの無料利用枠は、12 か月間の AWS 無料利用枠の期間が終了しても自動的に期限切れにはなりません。既存および新規の AWS のカスタマーのいずれも、無期限に利用できます。たとえば、第 3 章以降に詳しく説明がある、ストレージサービスの Amazon S3 は、AWS を利用している間、毎月 5GB まで恒久的に無料で利用できます。

● トライアル

　最初に利用したときから始まる短期間の無料トライアルです。トライアル期間が終了したら、標準の料金、つまり従量課金制の支払いが発生します。たとえば、AWS で構築されたサーバーの OS 設定やインストールされているソフトウェアの脆弱性検知を行う Amazon Inspector は、最初の 90 日は完全に無料で利用できます。カスタマーはその機能を気軽に試し利用を継続するかどうかを決めることができます。その設定切り替えはすべてマネジメントコンソール上で行うことができ、サポートへの電話などは必要ありません。詳細は https://aws.amazon.com/jp/free/ で確認できます。

付録 B

AWSのサービス一覧

B.1 サービス一覧

AWSのサービスを、分類ごとにアイコン付きで紹介します。

コンピューティング (Compute)

Amazon Elastic Compute Cloud (Amazon EC2) ──クラウド内の仮想サーバー

安全でサイズ変更可能なコンピューティング性能をクラウド内で提供するウェブサービス。エンタープライズで利用される主要な各種OSライセンスを含み1時間当たりの課金で提供。Amazon Linux等は1秒単位の課金も提供。

Amazon Elastic Graphics──グラフィックアクセラレーションを追加する、柔軟性およびコスト効率に最適

Windowsインスタンスに、低コストで高パフォーマンスのグラフィックスアクセラレーションを提供。OpenGLグラフィックサポートを使用するアプリケーション。

Amazon Elastic Container Registry (Amazon ECR) ──Dockerコンテナイメージの保存と取得

Amazon Elastic Container Service (Amazon ECS) と連携し、コンテナイメージの保存、管理、デプロイを実行。自前のコンテナリポジトリの運用や、基盤となるインフラストラクチャのスケーリングの検討を不要に。

Amazon Elastic Container Service（Amazon ECS）── スケーラブルなDockerコンテナを実行および管理

　Docker コンテナを実行させるための EC2 クラスターの自動管理。Docker 対応アプリケーションをリソースニーズや可用性要件に基づいてクラスター全体でスケジューリング可能。

Amazon Elastic Kubernetes Service（Amazon EKS）── 可用性が高くスケーラブルなKubernetesサービス

　Kubernetes クラスターのインストールと運用を自分で行うことなく、Kubernetes を Amazon Web Services（AWS）で簡単に実行できるようにするマネージドサービス。コンテナ化されたアプリケーションのデプロイ、スケーリング、管理を自動的に実行。

Amazon Lightsail──VPSの起動と管理

　アマゾンウェブサービスの機能、信頼性、セキュリティが加わった VPS。ストレージ、DNS 管理、固定 IP が事前設定された仮想マシンを提供。

AWS Elastic Beanstalk──ウェブアプリを実行および管理可能なサービス基盤

　EC2 などのキャパシティーのプロビジョニング、ロードバランシング、Auto Scaling からアプリケーションの状態モニタリング、デプロイを自動的に処理。

AWS Lambda──サーバーレスアーキテクチャ

　イベント発生時にコードを実行するサーバーレスアーキテクチャ基盤。サーバーのプロビジョニングや管理なしでコードを実行。Java、Go、PowerShell、Node.js、C#、Python、Ruby をサポート。

AWS Fargate──サーバーやクラスターの管理不要なコンテナの実行

コンテナを実行するために仮想マシンのクラスターをプロビジョニング、設定、スケールする必要がなく、サーバータイプの選択、クラスターをスケールするタイミングの決定、クラスターのパッキングの最適化を自動で実行。

AWS Batch──フルマネージド型バッチ処理

コンピューティングリソースの動的なプロビジョニングにより数10万件のバッチコンピューティングジョブを効率的に実行。

AWS Outposts──AWSインフラストラクチャをオンプレミスで実行

ネイティブのAWSサービス、インフラストラクチャ、運用モデルをほぼすべてのデータセンター、コロケーションスペース、オンプレミスの施設で利用可能に。

Elastic Load Balancing（ELB）──優れた耐障害性を持つ負荷分散機能

従来のClassic Load Balancerに加えて、リクエストのコンテンツを含む高度なアプリケーションレベルの制御が可能なApplication Load Balancer、IP固定可能なNetwork Load Balancerも用意。

Elastic IP address──静的IPv4アドレス

Elastic IPアドレスは、動的なクラウドコンピューティングのために設計された、インターネットからアクセス可能なパブリックIPv4アドレスであり、AWSアカウント内部で別のインスタンスへの付け替えなどを実現。

AWS Serverless Application Repository──**サーバーレスアプリケーションを検索、デプロイ、公開**

サーバーレスアプリケーション用のマネージド型リポジトリ。チーム、組織、開発者個人が、再利用可能なアプリケーションを保存して共有可能。

VMware Cloud on AWS──**VMware 環境を AWS クラウドに移行および拡張**

VMware vSphere ベースのオンプレミス環境を次世代の Amazon EC2 ベアメタルインフラストラクチャで動作する AWS クラウドにシームレスに移行、拡張する。

ストレージ（Storage）

Amazon Simple Storage Service（Amazon S3）──**クラウド内のスケーラブルなオブジェクトストレージ**

99.999999999% の耐久性を持つオブジェクトストレージ。バックアップやログの保存に最適。静的コンテンツ配信機能があり、画像やデジタルコンテンツ配信基盤での利用も。

Amazon Elastic Block Store（Amazon EBS）──**EC2用 ブロックストレージボリューム**

Amazon EC2 インスタンスと組み合わせて使用できる、永続的なブロックストレージボリューム。スナップショット機能によるバックアップ取得、サイズの拡張等もサポート。

Amazon Elastic File System（Amazon EFS）──**EC2用 フルマネージド型ファイルシステム**

ストレージ容量が伸縮自在、かつ複数の EC2 からマウント可能なネットワーク型ストレージ。Direct Connect と連携しオンプレミス用ファイルストレージとしても使用可能。

Amazon S3 Glacier——クラウド内の低コストなアーカイブ向けオブジェクトストレージ

データのアーカイブおよび長期バックアップを行うための、安全性と耐久性に優れたきわめて低コストのクラウドストレージサービス。

AWS Storage Gateway——オンプレミスとクラウドにおけるハイブリッドストレージの統合

オンプレミスアプリケーションがAWSクラウドでのストレージをシームレスに使用できるようにする、ハイブリッドストレージサービス。

Amazon FSx for Lustre——ハイパフォーマンスファイルシステム

機械学習、ハイパフォーマンスコンピューティング（HPC）、ビデオ処理、財務モデリング、電子設計オートメーション（EDA）などのワークロードの高速処理用に最適化されたハイパフォーマンスファイルシステム。

Amazon FSx for Windows——完全マネージド型のネイティブWindowsファイルシステム

Windowsベースのアプリケーションが依存している互換性と機能を装備した、共有のファイルストレージを提供。SMBプロトコルとWindows NTFS、Active Directory（AD）統合、Distributed File System（DFS）も完全サポート。

AWS Backup——バックアップの集中管理および自動化

AWS Storage Gatewayを使用して、オンプレミスだけでなくクラウド内でAWSのサービス全体のデータのバックアップの一元化と自動化を簡単に実行。

データベース (Database)

 Amazon Relational Database Service（Amazon RDS）──マネージド型リレーショナルデータベース

データベースのマネージドサービス。冗長化、バックアップ取得、パッチ適応などが自動化。Amazon Aurora、Oracle、Microsoft SQL Server、PostgreSQL、MySQL、MariaDB をサポート。

 Amazon RDS on VMware──VMware環境でAmazon RDSマネージド型データベースをデプロイ

オンプレミス VMware 環境マネージド型データベースをデプロイ。Amazon RDS は、ハードウェアのプロビジョニング、データベースのセットアップ、パッチ適用、およびバックアップなどの時間のかかる管理タスクを自動化。

 Amazon DynamoDB──フルマネージド型NoSQLデータベース

10 ミリ秒未満のレイテンシーに対応可能な高速かつフレキシブルな整合性のある NoSQL データベースサービス。

Amazon DynamoDB Accelerator（DAX）──DynamoDB用フルマネージドインメモリキャッシュ

1 秒あたり 100 万単位のリクエストを処理する場合でも、最大で 10 倍のパフォーマンス向上を実現する、フルマネージドで高可用性の、DynamoDB 用インメモリキャッシュ。

 Amazon ElastiCache──インメモリキャッシュのマネージドサービス

Memcached もしくは Redis をサポートしたデータストアまたはキャッシュのデプロイ、運用、および縮小・拡張を実現。

Amazon Redshift——高速・シンプル・費用対効果の高いデータウェアハウス

洗練されたクエリ最適化、列指向ストレージ、高パフォーマンスのローカルディスク、および超並列クエリ実行を使用して、ペタバイト単位の構造化データに対して複雑な分析クエリを実行。

Amazon Neptune——高速で信頼性の高いグラフデータベース

高速で信頼性が高い完全マネージド型グラフデータベースサービス。高度に接続されたデータセットと連携するアプリケーションの構築と実行が容易に。数十億のリレーションシップの保存とミリ秒台のレイテンシーでのグラフのクエリに最適化された、専用の高パフォーマンスグラフデータベースエンジンを提供。

Amazon DocumentDB（MongoDB互換）——フルマネージド型ドキュメントデータベースサービス

高速でスケーラブルかつ高可用性のフルマネージド型ドキュメントデータベースサービスで、MongoDBのワークロードをサポート。

Amazon Timestream——高速でスケーラブルな完全マネージド型の時系列データベース

IoTおよび運用アプリケーションに適した、高速でスケーラブルな完全マネージド型の時系列データベースサービス。1日あたり数兆規模のイベントを、リレーショナルデータベースの1/10のコストで簡単に保存および分析。

ネットワーキング&コンテンツ配信（Networking & Content Delivery）

Amazon Virtual Private Cloud（Amazon VPC）──論理的に独立したカスタマー専用ネットワーク&リソース環境

クラウドの論理的に分離したセクションをプロビジョニングし、AWS リソースをユーザー定義の独立した仮想ネットワークで構築。オンプレミス環境との VPN 構築も可能。

Amazon CloudFront──グローバルなコンテンツ配信ネットワーク

低レイテンシーの高速転送によりデータ、ビデオ、アプリケーション、API を安全に配信するグローバルコンテンツ配信ネットワークサービス。

AWS Direct Connect──AWSへ専用線接続

AWS とデータセンター、オフィス、またはコロケーション環境間にプライベート接続を確立。VPC を組み合わせ専用ネットワーク環境の確保。

Amazon Route 53──スケーラブルなドメインネームシステム

SLA が 100% であり、Global ロードバランシングや加重ロードバランシングも機能を提供。レジストラ機能でドメインネームの取得も可能。

Amazon API Gateway──REST型APIの作成および管理

どのようなスケールであっても、簡単な API の作成、配布、保守、監視、保護を実現。AWS Lambda や Amazon EC2 だけではなく外部サーバーとの連携も可能。

AWS PrivateLink――AWSでホストされるサービスに簡単かつセキュアにアクセス

Amazonのネットワーク内で、VPC、AWSのサービス、オンプレミスアプリケーション間のセキュアなプライベート接続を提供し、異なるアカウント上のサービスとVPCを簡単に接続し、ネットワークアーキテクチャを大幅に簡素化。

AWS App Mesh――アプリケーションレベルのネットワーキング

アプリケーションレベルのネットワーキングを提供し、さまざまな種類のコンピューティングインフラストラクチャをまたぐカスタマーのサービスの相互通信を容易に実現。

AWS Cloud Map――クラウドリソースのサービス検出

データベース、キュー、マイクロサービス、その他クラウドリソースなどのアプリケーションリソースを、カスタム名を付けてレジストリに登録。その後、リソースの状態を継続的にチェックし、その場所が最新であることを確認し、常に最新のネットワーク構成を維持。

AWS Global Accelerator――アプリケーションのグローバルな可用性とパフォーマンス向上

アプリケーションエンドポイントの状態を連続的にモニタリングし、最も近い正常なエンドポイントにトラフィックをルーティングすることで、アプリケーションの可用性を向上。

AWS Transit Gateway――Amazon VPC、AWSアカウント、オンプレミスネットワーク間の数千規模の接続

Amazon Virtual Private Cloud（Amazon VPC）とオンプレミスネットワークを単一のゲートウェイに接続。中央のゲートウェイから

ネットワーク上にある Amazon VPC、オンプレミスのデータセンター、リモートオフィスそれぞれに単一の接続を構築して管理。

AWS VPN──オンプレミスネットワークをクラウドで拡張、どこからでも安全にアクセス

ネットワークあるいはデバイスから AWS グローバルネットワークへの安全でプライベートなトンネルを確立。

システムとデータ移行（Migration and Transfer）

AWS Application Discovery Service──オンプレミスのアプリケーションのインベントリと依存関係検出

オンプレミスのデータセンターで実行されているアプリケーション、関連する依存関係、およびそのパフォーマンスプロファイルを自動的に判別。

AWS Database Migration Service（AWS DMS）──同種または異種データベースプラットフォーム間の移行

広く普及しているあらゆる商用およびオープンソースデータベース間のデータの移行を実現。移行元データベースはオンプレミスやクラウド両方に対応。

AWS Server Migration Service（AWS SMS）──オンプレミスサーバーの移行

稼働中のサーバーのボリュームに対して増分レプリケーションにおける自動化、スケジュール設定、追跡を管理し、大規模なサーバーの移行を実現。

AWS Snowball / Edge──クラウドへの大容量データ転送を実現するハードウェア

セキュアなアプライアンスを使用したペタバイト規模のデータ転送を実現するハードウェア。AWS Lambda 実行によるデータ分析等を実現可能な AWS Snowball Edge も提供。

AWS Migration Hub──AWSクラウドへの移行を簡素化し、高速化

AWS およびパートナーの複数のソリューション間におけるアプリケーション移行の進行状況を1つの場所で追跡可能。ニーズに最も適する移行ツールを選択でき、アプリケーションのポートフォリオ全体で移行状態の可視性が得られる。

AWS DataSync──AWSとの間で最大10倍高速で簡単にデータを転送

オンプレミスストレージと Amazon S3 または Amazon EFS との間のデータの移動を自動化するデータ転送サービス。

AWS Transfer for SFTP──フルマネージド型SFTPサービス

Secure File Transfer Protocol (SFTP)（別名 Secure Shell (SSH) File Transfer Protocol）を使用して Amazon S3 とファイルを直接転送できる、フルマネージド型サービス。

開発者用ツール (Developer Tools)

AWS CodeStar──ソフトウェア開発プロセスの集中管理

統合ユーザーインターフェイスによるソフトウェア開発アクティビティの統合管理。継続的な配信ツールチェーン、プロジェクト関係者、

コントリビューター等の管理が可能。

AWS CodeCommit──プライベートGitリポジトリでのコードの保存

安全で非常にスケーラブルなプライベートGitリポジトリのホスティング。ソースコードからバイナリまですべてのものをセキュアに保存。

AWS CodeBuild──コードのビルドとテスト

ソースコードのコンパイル、テスト実行、デプロイを自動化するソフトウェアパッケージを作成。ビルドサーバーのプロビジョニング、管理、スケーリングが不要。

AWS CodeDeploy──コードデプロイの自動化

Amazon EC2インスタンス、およびオンプレミス環境に対するコードのデプロイを自動化。継続的デリバリーツールチェーンにも統合可能。

AWS CodePipeline──継続的なデリバリーを使用したソフトウェアのリリース

コードが変更されるたびに、カスタマーが定義したリリースプロセスモデルに基づいて、コードを構築、テスト、デプロイを実現。

AWS X-Ray──マイクロサービスアーキテクチャを含むアプリケーションの分析とデバッグ

本番環境や分散アプリケーションのパフォーマンスの問題やエラーの根本原因を行い、分析およびデバッグをより簡便に実現。

Amazon Lumberyard──3D無料ゲームエンジン提供および開発環境

　AWSやTwitchと緊密に統合され、ソースコード付きで提供される無料の高品質AAAのゲームエンジン。

 AWS Cloud9──コードを記述、実行、デバッグできるクラウドベースの統合開発環境（IDE）

　ブラウザのみでコードを記述、実行、デバッグできるクラウドベースの統合開発環境。コードエディタ、デバッガー、ターミナルが含まれる。JavaScript、Python、PHPなどの一般的なプログラム言語に不可欠なツールをあらかじめパッケージ化。

管理系ツール（Management & Governance）

 Amazon CloudWatch──リソース、ネットワークとアプリケーションのモニタリング

　インスタンスの各メトリクス、ネットワークの通信状態、アプリケーションログ監視などの統合監視サービス。アラートをもとに他のAWSリソースを起動。

 AWS CloudFormation──テンプレートを使ったリソース/スタックの作成と管理

　AWSリソースの集合体のプロビジョニングおよび更新。開発者やシステム管理者による容易な作成、管理を実現。

 AWS CloudTrail──AWS APIコールや管理者画面操作状況の追跡

　AWSアカウントのガバナンス、コンプライアンス、運用監査、リスク監査を可能にするサービス。実行ログを暗号化し、改ざん防止機能を施した保存が可能。

AWS Config──リソースのインベントリと変更の追跡

AWSリソースの設定を評価、監査、審査。設定が継続的にモニタリングおよび記録され、変更点の洗い出しが可能。

AWS OpsWorks──Chefを使った操作の自動化

ChefやPuppetを用いたEC2インスタンス、またはオンプレミスのコンピューティング環境でのサーバーの設定、デプロイ、および管理の自動化。

AWS Service Catalog──標準化された製品の作成と使用

仮想マシンイメージ、サーバー、ソフトウェア、データベースから多層アプリケーションアーキテクチャを含むカタログを作成し管理。

AWS Systems Manager──AWSリソースの運用実態の把握

AWSで利用しているインフラストラクチャを可視化し、制御。統合ユーザーインターフェイスでAWSのさまざまなサービスの運用データを確認でき、AWSリソース全体にかかわる運用タスクを自動化。

AWS Trusted Advisor──パフォーマンスとセキュリティの最適化

AWSアカウント内の利用状況をもとに、コストの最適化、セキュリティ、耐障害性、パフォーマンスを評価し改善提案を自動化。

AWS Auto Scaling──仮想サーバーの伸縮自動化

カスタマーが定義する条件に応じてAmazon EC2のキャパシティー

を動的および自動的に縮小あるいは拡張。

AWS Managed Services──エンタープライズ向けのインフラストラクチャ操作管理

ベストプラクティスを実践してインフラストラクチャが管理されるため、運用のオーバーヘッドとリスクを削減。変更リクエスト、モニタリング、パッチ管理、セキュリティ、バックアップサービスなどの一般的なアクティビティが自動化。

AWS Management Console──ウェブベースのユーザーインターフェイス

コンソールでは、カスタマーの AWS アカウントに関するあらゆるクラウド管理が可能。AWS アカウントの管理、課金管理、各サービスの管理等。

AWS Command Line Interface（AWS CLI）──AWSサービスを管理するための統合ツール

1 つのツールをダウンロード・設定するだけで、複数の AWS サービスを制御したり、スクリプトを使用してサービスの制御を自動化。

AWS License Manager──ソフトウェアライセンスの使用状況を管理、検出、レポート

AWS で Microsoft、SAP、Oracle、IBM といったソフトウェアベンダーのオンプレミスサーバーで、ライセンスを簡単に管理できるようになるサービス。管理者はライセンス契約の規約をエミュレートするカスタマイズされたライセンスルールを作成し、EC2 のインスタンスが起動するときにそれらのルールを適用。

AWS Personal Health Dashboard——アカウントごとにパーソナライズされた、異常管理

影響するイベントが AWS で発生している場合に、アラートおよび改善のためのガイダンスを提供。利用している AWS リソースの基礎となる AWS のサービスのパフォーマンスおよび可用性に関するパーソナライズして表示。

AWS Well-Architected Tool——アーキテクチャのレビューを行い、ベストプラクティスを導入

ワークロードの状態をレビューし、最新の AWS アーキテクチャのベストプラクティスと比較。AWS Well-Architected フレームワークをベースとし、クラウドアーキテクトがアプリケーション向けに実装可能な、安全で高いパフォーマンス、障害耐性を備えた、効率的なインフラストラクチャの構築をサポート。

AWS Control Tower——セキュアでコンプライアンスに準拠したマルチアカウントのAWS環境をセットアップ

セキュアで優れた設計のマルチアカウント AWS 環境において、セキュリティやオペレーション、コンプライアンスのルールに基づき容易に AWS ワークロードを管理する環境を構築。

セキュリティ、アイデンティティ、コンプライアンス (Security, Identity & Compliance)

AWS Identity and Access Management（IAM）——ユーザーやサーバーに付与するアクセスキーの管理

認証・認可に基づくアクセス権の管理。ユーザーやインスタンスに権限を付与することで、対象の AWS サービスおよびリソースへのアクセスを安全にコントロール。

Amazon Cloud Directory——クラウドネイティブの完全マネージド型ディレクトリ

　柔軟性に優れたクラウドネイティブのディレクトリを構築し、複数のディメンションに沿ったデータの階層を編成。組織図、コースカタログ、デバイスレジストリなど、さまざまなユースケースのディレクトリを作成。

Amazon Cognito——ユーザーIDおよびアプリケーションデータの同期

　モバイルおよびウェブアプリケーションに、ユーザーのサインアップとサインインの機能を簡単に追加。OpenID Connect や SAML フェデレーションにも対応。

AWS Secrets Manager——シークレットキーの保護

　アプリケーション、サービス、IT リソースへのアクセスに必要なシークレットの保護。ライフサイクルを通じてデータベース認証情報、APIキー、その他のシークレットを簡単にローテーション、管理、取得。

Amazon GuardDuty——継続したセキュリティ監視と脅威の検知

　マネージド型の脅威検出サービス。悪意のある操作や不正な動作を継続的に監視し、AWS アカウントとワークロードを保護。アカウント侵害の可能性を示す異常な API コールや潜在的に不正なデプロイといったアクティビティを監視。

Amazon Inspector——インフラ、アプリケーションの脆弱性分析

　デプロイされたインフラストラクチャおよびアプリケーションのセキュリティとコンプライアンスを向上させるための、自動化されたセ

キュリティ評価サービス。

 AWS Certificate Manager――SSL/TSL証明書の配布・管理・デプロイ・更新

各種サービスで使用するTLS用サーバー証明書の管理、デプロイ、更新の自動化。証明書の発行は無償。

 AWS Directory Service――Active Directory互換ディレクトリのホスティングと管理

AWSのマネージド型ディレクトリサービス。実際のMicrosoft Active Directory上に構築され、Windows Server 2012 R2によって実行される。AWS Managed Microsoft ADにより、Active Directory依存のAWSワークロードを、実際のMicrosoft Active Directoryと簡単に統合。

  AWS WAF & Shield――悪意のあるウェブトラフィックの防御

ウェブアプリケーションを、アプリケーションの可用性、セキュリティの侵害、リソースの過剰な消費やDDoS攻撃などから防御。

 AWS Artifact――AWSの監査レポートの入手

AWSのセキュリティおよびコンプライアンスレポートへのアクセス。Service Organization Control、Payment Card Industryレポート、AWSセキュリティ制御の実装と運用の有効性などを確認可能。

 Amazon Macie――ビジネスクリティカルなコンテンツの分類とセキュリティ保護

機械学習型アルゴリズムにより、保存された機密情報の特定、データ侵害、情報漏えい、Amazon S3の不正アクセスから保護。

AWS Single Sign-On──ビジネスクリティカルなコンテンツの分類とセキュリティ保護

既存の社内認証情報を使用してユーザーポータルにサインインし、割り当てられたすべてのアカウントとアプリケーションに 1 か所からアクセス。AWS Organizations のすべてのアカウントへの SSO アクセスとユーザーアクセス権限の一元管理が簡単に。

AWS CloudHSM──法令順守のためのハードウェアベースキーストレージ

FIPS 140-2 のレベル 3 認証済みのデバイスを用いた、暗号化キーの生成、管理、暗号・署名処理。PKCS#11、Java Cryptography Extensions、Microsoft CryptoNG ライブラリといった業界標準の API を提供。

AWS Key Management Service（AWS KMS）──マネージド型の暗号化キー作成と管理

データの暗号化に使用する暗号化キーを簡単に作成および管理が可能。AWS のストレージやログなどの暗号化。

AWS Organizations──複数のAWSアカウントをポリシーベースで管理

アカウントのグループを作成し、グループにポリシーを適用。また、カスタムスクリプトや手動処理なしで、複数のアカウントに適用するポリシーを集中管理。API を使用して新しいアカウントの作成の自動化も可能。

AWS Firewall Manager──多くのアカウント、アプリケーションにわたって中央でファイアウォールを設定、管理

複数のアカウントとアプリケーションにわたって一元的に AWS WAF ルールの設定、管理を実現。

AWS Security Hub──セキュリティアラートを一元的に表示して管理し、コンプライアンスチェックを自動化

複数の AWS アカウントにおける高優先度のセキュリティアラートとコンプライアンス状況を包括的に確認可能。複数の AWS のサービス（Amazon GuardDuty、Amazon Inspector、Amazon Macie 等）および AWS パートナーソリューションにおけるセキュリティアラートおよび検出結果を、一元的に集約、整理、優先順位付け。

分析 (Analytics)

 Amazon Athena──SQLを用いたAmazon S3でのクエリサービス

Amazon S3 内のデータを標準的な SQL を使用して分析。分析用データを準備するための複雑な ETL ジョブが不要。

 Amazon EMR──Hadoopなどのビッグデータフレームワークの管理・実行

管理された Hadoop フレームワーク、EC2 クラスターの提供。Apache Spark や HBase、Presto、Flink といった他の一般的なフレームワークのバンドル。

 Amazon CloudSearch──マネージド型検索サービス

ウェブサイトまたはアプリケーション向けの検索ソリューションを 34 の言語で提供。ハイライト表示、自動入力、地理空間検索などの検索機能を実現。

Amazon Elasticsearch Service──Elasticsearchのマネージドサービス

ログ分析、フルテキスト検索、アプリケーションのモニタリングなど

のためのElasticsearchに対するデプロイ、操作、スケーリングを実現。Kibanaも標準搭載で可視化も実現。

Amazon Kinesis Data Streams（KDS）――ストリーミングデータの処理・分析

ウェブサイトのクリックストリーム、金融取引、ソーシャルメディアフィード、ITログ、場所追跡イベントなど、何10万ものソースから送られてくるデータの費用対効果の高い処理を実現。

Amazon Kinesis Data Firehose――大量のストリーミングデータのキャプチャ、ロード

ストリーミングデータをキャプチャ、変換して、Amazon Kinesis Analytics、Amazon S3、Amazon Redshift、およびAmazon Elasticsearch Serviceへのロードを自動で実現。

Amazon Kinesis Data Analytics――ストリーミングデータに対して標準SQLクエリを実行

Amazon Kinesis Data StreamsやAmazon Kinesis Firehoseが取り込んだデータに対してリアルタイムでSQLを実行。

Amazon Kinesis Video Streams――分析と機械学習のためにビデオストリームをキャプチャ、処理、保存

分析、機械学習（ML）、再生、およびその他の処理のために、接続されたデバイスからAWSへ動画を簡単かつ安全にストリーミング。数百万ものデバイスからの動画のストリーミングデータを取り込むために必要なすべてのインフラストラクチャが自動的にプロビジョニングされ、伸縮自在にスケール。

AWS Data Pipeline——指定された間隔で、データ処理やデータ移動を実行

保存場所にあるカスタマーのデータに定期的にアクセスし、必要なスケールのリソースで変換と処理を行い、その結果をAmazon S3、Amazon RDS、Amazon DynamoDB、Amazon EMRのようなAWSサービスに効率的に転送。

Amazon QuickSight——クラウド駆動の高速なビジネスインテリジェンスサービス

機械学習のテクノロジーをベースとしたインタラクティブなダッシュボードを簡単に作成して公開。ダッシュボードは、あらゆるデバイスからアクセスでき、アプリケーション、ポータル、ウェブサイトに埋め込むことが可能。

Amazon Lake Formation——安全なデータレイクの構築

データが配置される場所と、適用するデータアクセスおよびセキュリティポリシーを定義するだけで安全なデータレイクを簡単にセットアップ。

AWS Glue——抽出、変換、ロードを行うマネージド型サービス

保存されたデータを指定するだけで、データ検索が行われ、テーブル定義やスキーマなどの関連するメタデータを保存。保存されたデータは、検索、クエリ、ETLで実行可能。

Amazon Managed Streaming for Apache Kafka（Amazon MSK）——完全マネージド型で可用性が高くセキュアなApache Kafkaサービス

Apache Kafkaをストリーミングデータの処理に使用するアプリケー

ションを簡単に構築および実行できるようにする完全マネージド型のサービス。

機械学習（Machine Learning）

Amazon SageMaker──機械学習モデルを大規模に構築、トレーニング、デプロイ

開発者やデータサイエンティストが機械学習モデルをあらゆる規模で、迅速かつ簡単に構築、トレーニング、デプロイできるようにする完全マネージド型プラットフォーム。開発者による機械学習を減速させる典型的な障害をすべて排除。

Amazon SageMaker Ground Truth──機械学習用の高精度なトレーニングデータセット構築。最大で70%データのラベル付けコストを削減

一般的なラベル付けタスク用の組み込みワークフローとインターフェイスを提供し、高精度なトレーニングデータセットを構築。

Amazon Lex──音声やテキストに対応するチャットボットの構築

音声やテキストを使用した、対話型インターフェイスをアプリケーションに実装。深層学習済の基盤を提供。

Amazon Polly──テキストを音声に変換、音声ファイルの出力

ディープラーニング技術を使用したテキスト読み上げサービス。日本語、英語をはじめとする何十種類ものリアルな音声をサポート。

Amazon Rekognition──画像の検索と分析

画像内の物体、シーン、顔・性別・感情の検出、有名人の認識、および不適切なコンテンツの識別等を可能にする画像の分析をアプリケーションに追加可能。

Amazon Transcribe──自動音声認識

開発者が音声をテキストに変換する機能をアプリケーションに簡単に追加可能な自動音声認識サービス。Amazon S3 に保存されたオーディオファイルを分析して、音声を文字起こししたテキストファイルを生成。

Amazon Translate──高速で高品質な言語翻訳

高速で高品質な言語翻訳を手ごろな価格で提供するニューラル機械翻訳サービス。大量のテキストを効率的に翻訳し、各国のユーザー向けにウェブサイトやアプリケーションをローカライズする実装が簡単に。

Amazon Machine Learning──機械学習のプリセットモデルを簡易に構築

どのスキルレベルの開発者でも、機械学習テクノロジーを簡単に使用可能。正規化された構造化データを対象に教師データあり学習を実行。

Amazon Comprehend──機械学習を使用してテキスト内でインサイトや関係性を検出する自然言語処理（NLP）

テキストの言語を識別し、キーフレーズ、場所、人物、ブランド、またはイベントを抽出し、テキストがどの程度肯定的か否定的かを理解し、テキストファイルのコレクションをトピックごとに自動的に整理。

Amazon Elastic Inference──低コストの機械学習推論を高速化

GPU アクセラレーションを Amazon EC2 インスタンスに追加する

ことで、より低コストで推論の高速化を実現（最大75%削減）。

Amazon Forecast──Amazon.comと同じテクノロジーに基づいた正確な時系列予測サービス

　時系列データを使用して精度の高い予測を行う完全マネージド型のサービスです。過去のデータと、予測に影響を与える可能性があるその他の追加データから予測を実行。

Amazon Personalize──Amazon.comで使用されているのと同じテクノロジーに基づく、リアルタイムのパーソナライズおよびレコメンデーション

　アプリケーションを使用している顧客に対して開発者が個別のレコメンデーションを簡単に作成。パーソナライズされた製品やコンテンツのレコメンデーション、カスタマイズされた検索結果の実現。

Amazon Textract──実質的にどのドキュメントからでもテキストやデータを簡単に抽出

　電子化したドキュメントからテキストとデータを自動抽出。単純な光学文字認識（OCR）のレベルを超え、フォーム内のフィールドの入力内容や、テーブルに保存された情報も識別。

ゲーム開発（Game Tech）

Amazon GameLift──マルチプレイヤーゲームの構築・運用・スケーリング

　セッションベースのマルチプレイヤーゲーム専用のゲームサーバーをデプロイ、運用、スケーリングするゲーム用のサービスを提供。

モバイルサービス (Mobile)

 AWS AppSync──リアルタイムおよびオフライン機能を備えたデータ駆動型アプリケーション

　OS、Android、JavaScript、React Native を使ってネイティブなモバイルアプリケーションやウェブアプリケーションの構築。ウェブアプリケーションやモバイルアプリケーション内のデータがリアルタイムで自動的に更新。

 AWS Device Farm──クラウドにおける実機でのAndroid、iOSおよびウェブアプリのテスト

　複数のデバイスでAndroid/iOS向けのアプリケーションやウェブアプリケーションを一度にテストおよび操作することが可能なアプリケーションテストサービス。

 AWS Amplify──スケールするモバイルアプリおよびウェブアプリを最速で構築

　モバイルバックエンドをシームレスにプロビジョニングして管理し、バックエンドを iOS、Android、ウェブ、React Native のフロントエンドと簡単に統合するためのシンプルなフレームワークを提供。

アプリケーション実装 (Application Integration)

 AWS Step Functions──視覚的なワークフローを用いた分散アプリケーションを構築

　視覚的なワークフローを用い、それぞれ別個の機能を実行する個々の分散アプリケーションの配置、実行の順序を制御。

Amazon MQ──ActiveMQのマネージドメッセージブローカーサービス

クラウド内のメッセージブローカーの設定や運用を簡単に行える、Apache ActiveMQ 向けのマネージド型メッセージブローカーサービス。オープンソースで人気の高いメッセージブローカーである ActiveMQ の管理およびメンテナンスを行い、JMS、NMS、AMQP、STOMP、MQTT、WebSocket 等に対応。

Amazon Simple Notification Service（Amazon SNS）──プッシュ型メッセージ通知サービス

分散システムやサービス、モバイルデバイス、システム管理者など、多数の受信者へのメッセージ通知をマネージド型で実現。

IoT (Internet of Things)

AWS IoT Core──IoT用統合サービスプラットフォーム

さまざまなデバイスを AWS の各種サービスや他のデバイスに接続し、データと通信を保護し、デバイスデータに対する処理やアクションの実行を実現。

AWS IoT Device Management──接続デバイスを大規模にオンボード、編成、監視、リモート管理

膨大な数の IoT デバイスを安全かつ簡単にオンボード、編成、監視、リモート管理を実現。デバイスを個別に、または一括して登録し、安全性を確保するために権限を管理。

AWS IoT Analytics──IoTデバイスの分析

膨大な量の IoT データの高度な分析を簡単に実行できる完全マネー

ジド型サービス。IoTアプリケーションや機械学習のユースケース向けに、最適かつ正確な判断を下すために、IoTデータを分析。

AWS IoT Greengrass──クラウドリソースと連携するコードをエッジで実行

インターネットに接続されたデバイスで、ローカルのコンピューティング、メッセージング、データキャッシュ、クラウドやゲートウェイとの同期を実行させるソフトウェア。

Amazon FreeRTOS──マイクロコントローラー向けIoTオペレーティングシステム

電力消費の少ない小型エッジデバイスのプログラミング、デプロイ、保護、接続、管理を簡単にするマイクロコントローラー向けオペレーティングシステム。FreeRTOSカーネルをベースに設計。

AWS IoT Device Defender──IoTデバイスのセキュリティ管理

デバイスに関連付けられたセキュリティポリシーを継続的に監査して、セキュリティのベストプラクティスから逸脱していないことを確認。他のデバイスやクラウドとの通信時に、情報を保護するためにデバイスが従う、一連の技術的コントロールを提供。

AWS IoT 1-Click──任意のデバイスにAWS Lambdaトリガーをワンクリックで作成

特定のアクションを実行するLambda関数をシンプルなデバイスで簡単にトリガー可能。Amazon Dash Buttonハードウェアをベースにした AWS IoTエンタープライズボタンを使用し、テクニカルサポートへの電話、商品やサービスの再注文、ドアや窓のロックまたはロック解除など。

AWS IoT Button──**AWS IoT 1-Clickを標準サポートしているIoTボタン**

　AWS IoT Enterprise Button とクラウドとの通信には Wi-Fi が使用され、AWS IoT 1-Click モバイルアプリケーションから、お使いのアプリケーションに最適でシンプルな実装を提供。AWS IoT との接続が事前設定されているため、アクションのための Lambda コードの構築に注力可能。

 AWS IoT Events──**IoTセンサーやアプリケーションで発生したイベントを容易に検出し対応**

　IoT センサーやアプリケーションで発生したイベントを容易に検出し対応。何千ものIoTセンサーや何百もの設備管理アプリケーションから、イベントを簡単に検出。

 AWS IoT SiteWise──**簡単に産業機器からデータを収集、構造化**

　産業機器からのデータの大規模な収集、構造化を容易に実現。機器をモニタリングし、機器およびプロセスの障害、生産の非効率性、製品の不具合といった無駄を特定。

 AWS IoT Things Graph──**IoTアプリケーションを視覚的に開発**

　さまざまなデバイスやウェブサービスを容易に視覚的に接続して IoT アプリケーションを構築。

メディアサービス（Media Services）

 Amazon Elastic Transcoder──**スケーラブルなメディアトランスコーディング**

　メディアファイルをその元のソース形式からスマートフォン、タブ

レット、PC などのデバイスで再生可能なバージョンに変換。

 AWS Elemental MediaConvert——動画ファイルやクリップを処理して、オンデマンドコンテンツを生成

　ブロードキャストグレードの機能を備えたファイルベースの動画変換サービス。大規模なブロードキャストやマルチスクリーン配信向けのビデオオンデマンドコンテンツを簡単に作成。

 AWS Elemental MediaLive——ブロードキャストおよびストリーミング向けのライブエンコード

　テレビ放送やインターネット接続のマルチスクリーンデバイスでの配信用に、高品質なビデオストリームを作成。

 AWS Elemental MediaPackage——インターネットデバイスに配信する動画の準備や保護の実行

　単一のビデオ入力から、インターネット接続対応の TV、携帯電話、コンピュータ、タブレット、ゲームコンソールで再生可能な形式のビデオストリームを作成。デジタル著作権管理を使用してコンテンツを保護。

 AWS Elemental MediaStore——ライブストリーミング向けのビデオアセットを保存、配信する

　ライブストリーミングによる動画コンテンツ配信に必要なパフォーマンス、整合性、低レイテンシーを実現。動画ワークフローにおけるオリジンストアとして機能。

 AWS Elemental MediaConnect——安全で信頼性の高いライブ動画伝送

　高品質なライブ動画伝送サービス。IP ベースのネットワークが持つ柔軟性、機敏性、そして経済性と同時に、衛星とファイバーの信頼性とセキュリティを享受したネットワークを構築可能。

AWS Elemental MediaTailor——サーバー側からの広告挿入で、ビデオコンテンツのパーソナライズと収益化

　ブロードキャストレベルのサービス品質を維持しつつ、ビデオストリームにターゲット広告を個別に掲載。ライブ動画やオンデマンド動画の各視聴者に、コンテンツとパーソナライズされた広告を組み合わせたストリームを提供。

拡張現実とバーチャルリアリティ（AR & VR）

 Amazon Sumerian——VR、AR、3Dのコンテンツを短時間で簡単に作成

　特別なプログラミングや3Dグラフィックスの専門知識を必要とすることなく、バーチャルリアリティ、拡張現実、および3Dアプリケーションをすばやく簡単に作成し、実行。Oculus Rift、HTC Vive、それにAndroidやiOSモバイルデバイスといった一般的なハードウェアに対応。

オンデマンドの労働力

Amazon Mechanical Turk——クラウドソーシングマーケットプレイス

　クラウド内での柔軟なオンデマンドの労働力を提供。ウェブユーザーインターフェイス、コマンドラインツール、またはウェブサービスから利用可能。

カスタマーエンゲージメント（Customer Engagement）

 Amazon Connect——簡単に使えるクラウド型コンタクトセンター

　あらゆる規模の顧客窓口をセルフサービスで構築可能。対応フローの設計、スタッフの管理、業績指標の追跡がGUIで可能。前払い料金も、

長期契約も、インフラ管理も不要。

Amazon Pinpoint──顧客属性に基づくキャンペーンツール

Ｅメール、テキストメッセージ、モバイルプッシュ通知など複数チャネルを用いた、ユーザーターゲットを絞ったキャンペーンの展開。

Amazon Simple Email Service（Amazon SES）──Ｅメール送受信プラットフォーム

柔軟性、スケーラビリティ、信頼性、費用対効果に優れたＥメールプラットフォーム。既存Ｅメールクライアントとの統合も可能。

ビジネスアプリケーション (Business Applications)

Alexa for Business──Alexaを使って組織を強化

自分の声でテクノロジーを操作し、カレンダーの管理、会議に参加するための機器の操作、情報の検索を実行。会議室への道順案内、プリンターの故障をIT部門へ通知、事務用品の注文等。

Amazon WorkDocs──エンタープライズ向けオンラインストレージおよびファイル共有サービス

Windows、Mac、タブレット、スマートフォンなどから操作可能なファイル共有が可能なストレージサービス。オンプレミス環境のActive Directory等との連携も可能。

Amazon WorkMail──エンタープライズ向けEメールおよびカレンダーサービス

デスクトップとモバイルの既存のＥメールクライアントアプリケーションにも対応し、既存の社内ディレクトリとの統合やMicrosoft

Exchange Server との相互運用も可能。

 Amazon Chime——音声、画面共有、会議調整などのコミュニケーションサービス

高品質なサウンドとビデオのミーティングや電話会議サービス。チャット、コンテンツの共有も可能。Outlook と連携しスケジュール調整も実現。

エンドユーザー コンピューティング (End User Computing)

 Amazon Simple Queue Service（Amazon SQS）——メッセージキューサービス

マイクロサービス、分散システム、およびサーバーレスアプリケーションの疎結合化や拡張・縮小性の確保。

Amazon Simple Workflow Service（Amazon SWF）—— アプリケーションコンポーネントを連携させるワークフローサービス

並行したステップまたは連続したステップがあるバックグラウンドジョブの構築、実行を実現しスケールを容易にすることが可能。

Amazon AppStream 2.0——低遅延のアプリケーションストリーミング

任意のデバイスに AWS からデスクトップアプリケーションをストリーミング配信。アプリケーションの書き換えは不要。

Amazon WorkSpaces——仮想デスクトップコンピューティングサービス

仮想クラウドベースの Microsoft Windows デスクトップを簡単にプロビジョニング。任意のデバイスから、いつでもどこでもアクセス可能。

AWSのコスト管理（AWS Cost Management）

AWS Budgets――予算の閾値を超えたときにアラートを発信するカスタム予算を設定

カスタム予算を設定して、コストまたは使用量が予算額や予算量を超えたとき（あるいは、超えると予測されたとき）にアラートを発信。

AWS Cost and Usage Report――使用状況を追跡し、AWSアカウントに関連する推定請求額を算出

AWSの使用状況を追跡し、関連する推定請求額を算出。AWSアカウントで使用するAWS製品、使用タイプ、オペレーションの固有の組み合わせごとに明細項目を表示。

AWS Cost Explorer――コストと使用状況の経時的変化を可視化し、理解しやすい状態で管理

AWSコストと使用状況の経時的変化を可視化し、理解しやすい状態で管理することを可能にする、使いやすいインターフェイスを提供。

Reserved Instance Reporting――リザーブドインスタンスをより適切に管理およびモニタリング

Amazon EC2、Amazon RDS、Amazon Elasticsearch、Amazon ElastiCache、およびAmazon Redshiftの予約の管理とモニタリング。

ブロックチェーン（Blockchain）

Amazon Managed Blockchain――スケーラブルなブロックチェーンネットワークを簡単に作成し管理

一般的なオープンソースフレームワークであるHyperledger FabricやEthereumを使用した、スケーラブルなブロックチェーンネットワー

クの作成と管理。

 Amazon Quantum Ledger Database（Amazon QLDB）――透過的でイミュータブル、かつ暗号的に検証可能なトランザクションログを提供するフルマネージド型台帳データベース

フルマネージド型台帳データベースで、信頼された中央機関の所有する改ざん不可、かつ暗号的に検証可能なトランザクションログの提供。

ロボティクス（Robotics）

 AWS RoboMaker――知能ロボット工学アプリケーションを簡単に開発、テスト、デプロイ

知能ロボット工学アプリケーションを大規模かつ簡単に開発、テスト、デプロイ。最も普及しているオープンソースのロボット工学ソフトウェアフレームワークである Robot Operating System（ROS）を、クラウドサービスへの接続性によって拡張。

衛星通信（Satellite）

 AWS Ground Station――人工衛星を用いたデータの取り込みと処理

衛星通信のコントロール、衛星データのダウンリンクおよび処理、衛星運営の迅速なスケーリングを提供。独自の地上ステーションインフラストラクチャを構築または管理不要に。

索 引

A

Amazon Alexa ·· 005

Amazon Alexa for Business ················· 229

Amazon API Gateway ··························· 205

Amazon AppStream 2.0 ······················ 230

Amazon Athena ···························· 169, 217

Amazon Aurora ···································· 142

Amazon Chime ····································· 230

Amazon Cloud Directory ····················· 214

Amazon CloudFront ····························· 205

Amazon CloudSearch ·························· 217

Amazon CloudWatch ··········· 047, 137, 210

Amazon Cognito ··························· 043, 214

Amazon Comprehend ·························· 221

Amazon Connect ································· 228

Amazon Data Lifecycle Manager ········ 119

Amazon DLM ······································ 119

Amazon DocumentDB ························· 204

Amazon DynamoDB ·················· 143, 203

Amazon DynamoDB Accelerator ··· 147, 203

Amazon EBS ······················· 038, 111, 201

Amazon EC2 ····················· 038, 062, 198

Amazon Echo ······································ 005

Amazon ECR ······································ 198

Amazon ECS ······································ 199

Amazon EFS ······························ 121, 201

Amazon EKS ······································ 199

Amazon ElastiCache ··························· 203

Amazon Elastic Block Store ···· 038, 111, 201

Amazon Elastic Compute Cloud ··· 038, 198

Amazon Elastic Container Registry ···· 198

Amazon Elastic Container Service ······ 199

Amazon Elastic File System ······· 121, 201

Amazon Elastic Graphics ···················· 198

Amazon Elastic Inference ··················· 221

Amazon Elastic Kubernetes Service ··· 199

Amazon Elasticsearch Service ·········· 217

Amazon Elastic Transcoder ··············· 226

Amazon EMR ······································ 217

Amazon Forecast ································· 222

Amazon FreeRTOS ······························ 225

Amazon FSx for Lustre ··············· 126, 202

Amazon FSx for Windows ··········· 124, 202

Amazon GameLift ································· 222

Amazon Go ··· 006

Amazon GuardDuty ····························· 214

Amazon Inspector ······················ 071, 214

Amazon Kinesis Data Analytics ·········· 218

Amazon Kinesis Data Firehose ·········· 218

Amazon Kinesis Data Streams ··········· 218

Amazon Kinesis Video Streams ········· 218

Amazon Lake Formation ····················· 219

Amazon Lex ·· 220

Amazon Lightsail ································· 199

Amazon Lumberyard ··························· 210

Amazon Machine Image ····················· 065

233

Amazon Machine Learning ……… 221	Amazon SageMaker……………… 166, 220
Amazon Macie……………………… 215	Amazon SageMaker Ground Truth ‥‥ 220
Amazon Managed Blockchain ………… 231	Amazon SES……………………… 229
Amazon Managed Streaming for Apache	Amazon Simple Email Service………… 229
Kafka……………………………… 219	Amazon Simple Notification Service
Amazon Mechanical Turk……………… 228	……………………………… 043, 224
Amazon MQ……………………… 224	Amazon Simple Queue Service……… 230
Amazon MSK …………………… 219	Amazon Simple Storage Service ‥‥ 039, 201
Amazon Neptune ……………… 204	Amazon Simple Workflow Service…… 230
Amazon Personalize ………………… 222	Amazon SNS …………………… 043, 224
Amazon Pinpoint…………………… 229	Amazon SQS …………………… 230
Amazon Polly …………………… 220	Amazon Sumerian ……………… 228
Amazon Prime Air ……………… 004	Amazon SWF…………………… 230
Amazon QLDB……………………… 232	Amazon Textract………………… 222
Amazon Quantum Ledger Database… 232	Amazon Timestream ……………… 204
Amazon QuickSight ……………… 043, 219	Amazon Transcribe……………… 221
Amazon RDS …………… 041, 130, 203	Amazon Translate ……………… 221
Amazon RDS on VMware ……………… 203	Amazon Virtual Private Cloud
Amazon Redshift ……………… 204	……………………… 037, 074, 205
Amazon Rekognition……………… 220	Amazon VPC …………… 037, 074, 205
Amazon Relational Database Service	Amazon Web Services ………………… 002
……………………… 041, 130, 203	Amazon WorkDocs ……………… 229
Amazon Robotics………………… 005	Amazon WorkMail………………… 229
Amazon Route 53 ……………… 205	Amazon WorkSpaces……………… 230
Amazon S3 ………………… 039, 094, 201	AMI……………………………… 065
Amazon S3 Glacier ……………… 202	AR……………………………… 228
Amazon S3 Select ……………… 104	Availability Zone………………… 011
Amazon S3 Transfer Acceleration …… 103	AWS ……………………………… 002
Amazon S3サービスレベルアグリーメント	AWS Amplify …………………… 223
……………………………… 095	AWS Application Discovery Service ‥‥ 207

AWS App Mesh ··································· 206

AWS AppSync ··································· 223

AWS Artifact ··································· 215

AWS Auto Scaling ······························ 211

AWS Backup ··································· 202

AWS Batch ··································· 200

AWS Black Belt Online Seminar ········ 178

AWS Budgets ··································· 231

AWS Certificate Manager ·················· 215

AWS CLI ··································· 212

AWS Cloud9 ··································· 210

AWS CloudFormation ······················ 210

AWS CloudHSM ······························ 216

AWS Cloud Map ······························ 206

AWS CloudTrail ··································· 210

AWS CodeBuild ··································· 209

AWS CodeCommit ··································· 209

AWS CodeDeploy ··································· 209

AWS CodePipeline ··································· 209

AWS CodeStar ··································· 208

AWS Command Line Interface ········· 212

AWS Config ··································· 211

AWS Control Tower ······················ 213

AWS Cost and Usage Report ············ 231

AWS Cost Explorer ······················ 231

AWS Cost Management ·················· 231

AWS Database Migration Service ······ 207

AWS Data Pipeline ······················ 219

AWS DataSync ··································· 208

AWS Device Farm ······················ 223

AWS Direct Connect ······················ 205

AWS Directory Service······················ 215

AWS DMS ··································· 207

AWS Elastic Beanstalk ······················ 199

AWS Elemental MediaConnect··········· 227

AWS Elemental MediaConvert ·········· 227

AWS Elemental MediaLive·················· 227

AWS Elemental MediaPackage ········· 227

AWS Elemental MediaStore·················· 227

AWS Elemental MediaTailor ············· 228

AWS Fargate ··································· 200

AWS Firewall Manager······················ 216

AWS Global Accelerator·················· 206

AWS Glue ··································· 170, 219

AWS Ground Station ······················ 232

AWS Identity and Access Management

································· 157, 213

AWS IoT··································· 167

AWS IoT 1-Click ······················ 225

AWS IoT Analytics ······················ 224

AWS IoT Button··································· 226

AWS IoT Core ··································· 224

AWS IoT Device Defender·················· 225

AWS IoT Device Management············ 224

AWS IoT Events··································· 226

AWS IoT Greengrass ······················ 225

AWS IoT SiteWise··································· 226

AWS IoT Things Graph ·················· 226

AWS Key Management Service ·· 109, 216

AWS KMS··································· 216

235

AWS Lambda ⋯⋯⋯⋯⋯⋯⋯ 084, 199	AWS Well-Architected Tool ⋯⋯⋯⋯ 213
AWS License Manager ⋯⋯⋯⋯⋯⋯ 212	AWS X-Ray ⋯⋯⋯⋯⋯⋯⋯⋯⋯ 209
AWS Managed Services ⋯⋯⋯⋯⋯ 212	AWSサーバーレスアプリケーションモデル
AWS Management Console ⋯⋯⋯⋯ 212	⋯⋯⋯⋯⋯⋯⋯⋯⋯⋯⋯ 088
AWS Migration Hub ⋯⋯⋯⋯⋯⋯ 208	AWSサポート ⋯⋯⋯⋯⋯⋯⋯⋯ 026
AWSome Day ⋯⋯⋯⋯⋯⋯⋯⋯ 179	AWS認定 ⋯⋯⋯⋯⋯⋯⋯⋯⋯ 183
AWS OpsWorks ⋯⋯⋯⋯⋯⋯⋯ 211	AWSのコスト管理 ⋯⋯⋯⋯⋯⋯ 231
AWS Organizations ⋯⋯⋯⋯⋯⋯ 216	AZ ⋯⋯⋯⋯⋯⋯⋯⋯⋯⋯⋯ 011

B

AWS Outposts ⋯⋯⋯⋯⋯⋯⋯ 200	Blockchain ⋯⋯⋯⋯⋯⋯⋯⋯ 231
AWS Personal Health Dashboard ⋯ 213	Business Applications ⋯⋯⋯⋯⋯ 229

C

AWS PrivateLink ⋯⋯⋯⋯⋯⋯ 206	
AWS RoboMaker ⋯⋯⋯⋯⋯⋯ 232	Compliance ⋯⋯⋯⋯⋯⋯⋯⋯ 213
AWS Secrets Manager ⋯⋯⋯⋯⋯ 214	Compute ⋯⋯⋯⋯⋯⋯⋯⋯⋯ 198
AWS Security Hub ⋯⋯⋯⋯⋯⋯ 217	Content Delivery ⋯⋯⋯⋯⋯⋯ 205
AWS Serverless Application Repository ⋯ 201	Customer Engagement ⋯⋯⋯⋯⋯ 228

D

AWS Server Migration Service ⋯⋯⋯ 207	
AWS Service Catalog ⋯⋯⋯⋯⋯ 211	Database ⋯⋯⋯⋯⋯⋯⋯⋯⋯ 203
AWS Single Sign-On ⋯⋯⋯⋯⋯ 216	DAX ⋯⋯⋯⋯⋯⋯⋯⋯⋯ 147, 203
AWS SMS ⋯⋯⋯⋯⋯⋯⋯⋯ 207	Direct Connect接続 ⋯⋯⋯⋯⋯ 082
AWS Snowball ⋯⋯⋯⋯⋯⋯⋯ 208	DynamoDB Local ⋯⋯⋯⋯⋯⋯ 145

E

AWS Step Functions ⋯⋯⋯⋯⋯ 223	
AWS Storage Gateway ⋯⋯⋯⋯⋯ 202	EBS最適化インスタンス ⋯⋯⋯⋯⋯ 115
AWS Systems Manager ⋯⋯⋯⋯⋯ 211	Edge ⋯⋯⋯⋯⋯⋯⋯⋯⋯⋯ 208
AWS Transfer for SFTP ⋯⋯⋯⋯ 208	Elastic IP ⋯⋯⋯⋯⋯⋯⋯⋯⋯ 078
AWS Transit Gateway ⋯⋯⋯⋯⋯ 206	Elastic IP address ⋯⋯⋯⋯⋯⋯ 200
AWS Trusted Advisor ⋯⋯⋯⋯⋯ 211	Elastic Load Balancing ⋯⋯⋯⋯⋯ 200
AWS VPN ⋯⋯⋯⋯⋯⋯⋯⋯ 207	ELB ⋯⋯⋯⋯⋯⋯⋯⋯⋯⋯ 200
AWS WAF ⋯⋯⋯⋯⋯⋯⋯⋯ 072	End User Computing ⋯⋯⋯⋯⋯ 230
AWS WAF & Shield ⋯⋯⋯⋯⋯ 215	
AWS Web Application Firewall ⋯⋯ 072	

F

FSx ·· 124

G

Game Tech ·· 222

Governance ······································· 210

I

IaC ·· 033

IAM ·· 157, 213

IAMグループ ····································· 160

IAMポリシー ····································· 158

IAMユーザー ····································· 157

IAMロール ·· 161

Identity ··· 213

IGW ·· 076

Infrastructure as Code ····················· 033

Internet Gateway ······························ 076

Internet of Things ···························· 224

IoT ·· 168, 224

IPアドレス ··· 077

K

KDS ·· 218

KMS ··· 109

L

Lambda関数 ····································· 088

M

Machine Learning ···························· 220

Management ····································· 210

Media Services ································· 226

Migration and Transfer ···················· 207

Mobile ·· 223

MongoDB互換 ·································· 204

N

NAT ·· 080

Networking ······································· 205

R

Range HTTPヘッダー ························ 102

Reserved Instance Reporting ············ 231

Robotics ··· 232

S

SAM ··· 088

Satellite ·· 232

Security ·· 213

Step Functions ································· 088

Storage ··· 201

V

VGW ··· 076

Virtual Private Gateway ···················· 076

VMware Cloud on AWS ···················· 201

VPCエンドポイント ···························· 081

VPN接続 ··· 082

VR ·· 228

W

Well-Architectedフレームワーク ········· 054

あ

アイデンティティ ······························· 213

アカウント開設 ·································· 186

アベイラビリティーゾーン ···················· 011

暗号化 ·· 108

い

イベント ·· 178

イベントソース	087
インスタンスストア	111
インスタンスタイプ	067
インスタンスファミリー	066
インターネットゲートウェイ	075

う

ウェブサイト	044

え

衛星通信	232
エクスプロイト	072
エンタープライズプラン	027
エンドユーザー コンピューティング	230

お

大阪ローカルリージョン	156
オブジェクト	094
オブジェクトURL	105
オブジェクトストレージ	093
音声ユーザーインターフェイス	005

か

開発者サポートプラン	027
課金	174
学習環境	172
学習基盤	169
拡張現実	228
カスタマーエンゲージメント	228
仮想プライベートゲートウェイ	076
可用性	095
簡易見積もりツール	099
管理系ツール	210

き

キーペア	071
機械学習	167, 220
キャッシュサーバー	140

く

クライアントサイド暗号化	108
クラウド	002
クラウドコンピューティング	002
クラウドプラクティショナー	185
グローバル展開	021
クロスリージョンレプリケーション	096

け

ゲーム開発	222
決済通貨	049

こ

高可用性	023
顧客満足度	013
個別相談会	179
コンテンツ配信	205
コンピューティング	198
コンピューティングサービス	061
コンプライアンス	213

さ

サーバーサイド暗号化	109
サーバーレス	084
サイジング	016
サイズ	067
削除マーカー	104
サブネット	076
サポートプラン	193

238　索引

し

ジェフ・ベゾス	010
システムとデータ移行	207
自動バックアップ	135
支払情報	190
従量課金	013
初期費用ゼロ	014
署名付きURL	106

す

スケールアップ	137
ストレージ	201
ストレージクラス	097
ストレージの種類	093
スナップショット	136
スループットキャパシティー	145

せ

責任共有モデル	025, 153
セキュリティ	213
セキュリティグループ	070, 079
セキュリティサービス	152
セキュリティ対策	154
世代	067

た

耐久性	095

て

低価格	014
データ蓄積	168
データベース	203
データレイク	168

と

動画配信	052
ドキュメント	177
トライアル	195
トレーニング	180
ドローン	004

に

認証コード	192

ね

ネットワーキング	205
ネットワークACL	079
ネットワークアドレス変換	080

は

バージョニング	103
バージョンID	104
バーチャルリアリティ	228
バケット	094
バケットポリシー	107

ひ

ビジネスアプリケーション	229
ビジネスサポートプラン	027
評価レポート	071

ふ

ファイルサーバー	050
ファイルストレージ	093
物流倉庫	005
フルフィルメントセンター	005
プレフィックス	101
ブロックストレージ	093
ブロックチェーン	231

239

プロビジョンドIOPS……………………… 138

ほ

ホスティング ……………………………… 051

ボリュームタイプ ………………………… 113

本人確認………………………………… 190

ま

マイクロサービスアーキテクチャ ……… 028

マネージドサービス……………………… 043

マルチパートアップロード……………… 102

み

見積もり …………………………………… 175

む

無期限無料……………………………… 195

無人配達………………………………… 004

無料利用枠……………………………… 194

め

メディアサービス ………………………… 226

も

モニタリング……………………………… 136

モノリシックアーキテクチャ……………… 029

モバイルサービス………………………… 223

ゆ

ユーザー管理 …………………………… 157

ユーザー増 ……………………………… 045

ら

ライブ配信 ……………………………… 052

り

リードレプリカ…………………………… 139

リソースセンター ………………………… 176

料金……………………………… 049, 174

る

ルートユーザー…………………………… 157

ろ

ロボティクス……………………………… 232

著者紹介

亀田治伸

アマゾン ウェブ サービス ジャパン株式会社
マーケティング本部 プロダクトマーケティング シニアエバンジェリスト

兵庫県伊丹市出身、米国州立南イリノイ大学卒業。認証系独立 ASP、動画・音楽配信システム構築、決済代行事業者を経て現職。ユーザー視点に立ったわかりやすい AWS のサービス解説を心掛け年間約数十回の講演を実施。得意領域は、認証、暗号、映像配信、開発手法に見る組織論。本書の執筆は第 1 章、第 2 章、第 6 章、第 7 章を担当。

山田裕進

アマゾン ウェブ サービス ジャパン株式会社
　トレーニングサービス本部・テクニカルトレーナー

システムエンジニア、IT 講師を経て 2017 年より現職。AWS 公式のトレーニングやイベントに年間 120 日以上登壇している。著書:「徹底攻略 Rails4 技術者認定シルバー試験問題集」、「徹底攻略 PHP5 技術者認定［上級］試験問題集」(共著)。
本書の執筆は第 2 章、第 3 章、第 4 章、第 5 章を担当。

装丁・本文デザイン	河南祐介（ファンタグラフ）
DTP	株式会社明昌堂

AWSクラウドの基本と仕組み

エー ダブリュー エス

2019年 10月 30日　初版 第1刷発行

著者	亀田治伸、山田裕進
発行人	佐々木 幹夫
発行所	株式会社 翔泳社（https://www.shoeisha.co.jp）
印刷・製本	株式会社 ワコープラネット

©2019 Amazon Web Services, Inc. or its affiliates. All rights reserved.

本書は著作権法上の保護を受けています。本書の一部または全部について（ソフトウェアおよびプログラムを含む）、株式会社翔泳社から文書による許諾を得ずに、いかなる方法においても無断で複写、複製することは禁じられています。
本書へのお問い合わせについては、ii ページに記載の内容をお読みください。造本には細心の注意を払っておりますが、万一、乱丁（ページの順序違い）や落丁（ページの抜け）がございましたら、お取り替えします。03-5362-3705までご連絡ください。

ISBN978-4-7981-6056-6
Printed in Japan